# 基于孔隙水脱除的重金属污染农田土壤电动修复原理及实践

汤显强　王振华　李青云 等　著

科学出版社

北京

# 内 容 简 介

当前,我国农田土壤环境总体状况堪忧,部分地区污染较为严重,因此,有必要立足我国国情和当前发展阶段,以改善土壤环境质量为核心,对重金属污染农田耕作层土壤进行修复和治理。本书以最具代表性的镉污染农田土壤为研究对象,聚焦重金属总量与有效态含量削减,在技术、经济和土壤环境等约束下,通过理论分析、模拟实验、技术集成、装置研制与田间示范等,研究农田土壤重金属活化释放特征及影响因素,优化土壤有效态重金属的排水分离性能及技术参数,研制基于孔隙水导排的 EKG 电动排水脱除重金属的成套装置,开展原位田间修复示范,验证基于孔隙水脱除的重金属污染农田土壤电动修复技术的经济可行性。

本书可供农业、环境、水利与管理等有关专业的技术与管理人员及研究生参考。

图书在版编目(CIP)数据

基于孔隙水脱除的重金属污染农田土壤电动修复原理及实践/汤显强等著.
—北京:科学出版社,2019.9

ISBN 978-7-03-061873-3

I. ①基… II. ①汤… III. ①农田土壤–重金属污染–污染土壤–修复–研究–中国 IV. ①X53

中国版本图书馆 CIP 数据核字(2019)第 141440 号

责任编辑:孙寓明/责任校对:刘 畅
责任印制:彭 超/封面设计:苏 波

**科学出版社** 出版

北京东黄城根北街 16 号
邮政编码:100717
http://www.sciencep.com

武汉中远印务有限公司印刷

科学出版社发行 各地新华书店经销

*

2019 年 9 月第 一 版 开本:787×1092 1/16
2019 年 9 月第一次印刷 印张:10 1/4
字数:192 000

定价:**98.00 元**

# 前　言

随着生态文明建设、乡村振兴战略和建设美丽中国不断推进,农田生态环境保护日益受到重视。土壤是人类赖以生存和发展的基础,农田是保障粮食安全生产的重要物质基础。随着我国经济社会的快速发展,农田土壤污染和质量下降问题日趋突出,我国耕地土壤重金属等污染物点位超标率达 19.4%。土壤重金属超标带来的水稻、小麦等粮食作物重金属超标问题也令人担忧。为了把饭碗牢牢端在自己手中,守护餐桌上的安全,保障人民群众身心健康,修复农田土壤重金属污染,保障粮食作物安全生产,成为当前土壤及环境领域的研究重点。在国外,土地资源丰富的发达国家一般对重金属污染农田采取轮作或休耕等措施,但对耕地资源十分紧张、粮食和食物安全形势十分严峻的中国来讲,对重金属污染农田寻求"边修复、边利用"是当前最为实际的选择。

本书依托水利部公益性行业科研专项(201501019)和湖北省技术创新重大专项(2017ABA073)等项目成果,以湖南省某镇镉等重金属污染农田土壤为研究对象,瞄准削减土壤重金属总量与有效态含量,通过理论分析、模拟实验、装置研制和田间示范等,对基于孔隙水脱除的重金属污染农田土壤电动修复技术的原理与实践进行系统地介绍,该技术能够将重金属从土壤洗脱转移进入孔隙水,然后对富含重金属的土壤孔隙水进行电动外排和生态净化处理,在削减土壤重金属含量的同时,实现电动排水的达标排放。该技术符合中国重金属污染耕地资源利用国情的实际,具有一定的应用前景。

本书共 6 章。第 1 章由汤显强和李青云撰写;第 2 章由胡园与林莉撰写,第 3 章由胡艳平与王振华撰写;第 4 章由汤显强撰写;第 5 章由汤显强撰写;第 6 章由王振华、胡艳平和李青云撰写。全书由李青云负责总体思路设计、技术指导与组织实施,由汤显强统稿。黎睿参与了有关章节技术内容整理。

由于本书内容涉及农业、水利、环境和管理等多个学科,加之作者对一些领域的研究和认识水平有限,书中不妥之处在所难免,敬请广大读者批评指正。

作　者

2019 年 3 月

# 目　　录

# 第 1 章

# 绪 论

# 1.1 问题的提出

随着生态文明建设、乡村振兴战略和建设美丽中国不断推进，农田生态环境保护日益受到重视。农产品重金属含量超标，直接危害人类健康，导致农产品滞销、农民收入减少、农业经济下滑，以及社会、经济不稳定等问题。农田土壤环境质量直接影响农产品质量、产量和农田生态安全，是我国农业农村持续健康发展的根本。当前，我国农田土壤环境总体状况堪忧，部分地区土壤重金属污染较为严重，据原国土资源部统计数据，全国18.26 亿亩[①]耕地面积有 12%以上已受到重金属污染，主要的重金属种类包括镉（Cd）、汞（Hg）、铅（Pb）、铬（Cr）、铜（Cu）、镍（Ni）、锌（Zn）等，其中农田土壤 Cd 污染问题尤为严重。Cd 污染引发的粮食安全问题也频见报道，2013 年发生的湖南"镉大米"事件更是震惊全国。除湖南外，广东、湖北、广西、江西等地均存在大米 Cd 超标现象，超标率约 5%～15%。重金属污染不仅造成农田粮食减产，长期食用重金属超标的粮食，还会导致食用者罹患诸多病症，给人体健康带来极大危害。我国农田重金属超标主要由工业污水排放和矿产开发等活动导致，外源排入的重金属通常蓄积于土壤表层（或耕作层）。因此，有必要立足我国国情和当前发展阶段，着眼社会经济发展全局，以改善土壤环境质量为核心，以保障农产品质量和粮食生产安全为出发点，对重金属污染农田耕作层土壤进行修复和治理。

我国人多耕地少，缩短重金属污染农田修复周期，提高土地资源利用效率，是农田土壤重金属修复领域技术创新的重要努力方向。2016 年 5 月 28 日，国务院颁布实施了《土壤污染防治行动计划》（简称"土十条"），要求在湖南、湖北、江西等地区污染耕地集中区域优先组织开展治理与修复。国内外已有的重金属污染土壤修复治理措施包括工程措施、土壤改良措施和土壤化学淋洗、农艺措施及植物修复等。工程措施包括翻耕、客土与换土。工程措施不仅工程量大，还需耗费大量清洁土壤，难以用于大面积污染区域治理。土壤改良措施无法降低土壤中重金属含量，重金属固化/稳定化后易活化，且存在改良剂对土壤造成二次污染和破坏土壤自身生态平衡的风险。土壤化学淋洗实施周期短、效率较高、清理重金属较为彻底，但成本高、化学药剂易造成土壤二次污染，亟须寻找环境友好型农田土壤淋洗剂。农艺措施通过施肥和土壤水分调控抑制作物吸收重金属，精细化操控要求高，

---

① 1 亩≈666.66 $m^2$

无法削减土壤中重金属含量,风险难解除。植物修复费用低廉、不破坏场地结构,但效率低,周期较长,长期占用耕地资源。总体而言,常规土壤重金属治理技术局限于控制重金属有效态含量或削减重金属总量,成本较高,且对正常农作产生一定干扰。因此,亟须突破传统农艺或生态措施,研发一种对土壤环境影响小,不影响正常耕作的快速、高效的原位土壤有效态重金属脱除技术,实现缩短农田土壤修复周期与防止作物重金属超标的双重目标。

电动修复是 20 世纪 90 年代美国路易斯安那州立大学开发且近年来发展较快的一种重金属修复技术,主要通过低压直流电场的电渗析、电迁移和电泳等作用去除土壤有效态重金属,土壤 pH 的控制是电动修复的关键问题之一。近年来,国内围绕电动修复实验设计、电动过程及其机理、电极形状与电动修复效率优化等方面,采用石墨电极修复过筛的模拟污染土壤开展了一些探索性工作,授权的专利技术如"一种电修复式土壤污染治理车"与"一种移动式场地污染土壤的原位电动修复工程装置"等采用铁、钛、不锈钢或者石墨电极,将土壤重金属离子在电极上吸附与富集,然后再对电极进行洗脱分离。然而,总体来看我国农田电动修复技术起步较晚,尚处于实验室研究阶段,鲜见大田试验与工程应用报道。《国家中长期科学和技术发展规划纲要(2006—2020 年)》(以下简称《纲要》)中指出:我国环境污染严重,生态系统退化加剧,污染物无害化处理能力低。《纲要》在重点领域及其优先主题的"环境"领域中,明确提出要"开发非常规污染物控制技术"。电动土工合成材料(electro kinetic geosynthetics,EKG)兼具导水和导电性能,既可用作电极,也可以用于排水,给农田土壤重金属电动修复技术创新提供了重要契机。本书以 Cd 污染稻田土壤为研究对象,采取 EKG 为电极,研制农田土壤重金属原位电动排水脱除成套技术装置,在作物生长间歇期和泡田期,调控土壤 pH,释放有效态重金属进入土壤孔隙水,利用 EKG 电渗脱水和电迁移作用,对土壤孔隙水及有效态重金属进行迁移、储存与外排,完成农田有效态重金属的水土分离。该技术装置具有原位实施、有效态重金属削减快、能耗低、无二次污染、后续处理简便等优点;开发的成套装置组合安装便捷,具备批量化和规模化应用潜力,既能快速削减土壤有效态重金属含量,又不影响农作物的安全有序种植,具备较高推广应用前景。

# 1.2 研 究 进 展

## 1.2.1 污染现状

### 1. 土壤污染现状

当今，重金属污染已造成严重环境损害（Duffus，2002），土壤重金属污染是我国当今面临的一个非常严峻的耕地资源破坏与土壤环境污染问题（Bakhshayesh et al.，2014）。因此，有效削减农田土壤重金属含量对粮食生产大国至关重要。调查显示，我国部分城市农田土壤的 Cd、Zn 和 Pb 等重金属质量分数远超国家背景值（表 1.1），由于地球化学背景偏高和人类活动强烈等原因，湖南等南方地区的重金属污染形势比北方地区更加严峻（Chen et al.，2015a）。在所有污染土壤的重金属元素中，Cd 因具有移动性大、毒性较高、污染面积最大的特点被称为"五毒之首"（Chen et al.，2015a，Kang et al.，2007）。据统计，我国 Cd 污染农田土壤面积已达 $1.3 \times 10^5$ hm²，约占总耕地面积的 1/5（Rafiq et al.，2014）。全国有 11 个省（区、市）的 25 个地区的农田受到不同程度的 Cd 污染，导致每年粮食减产 1 000 多万吨，受污染粮食多达 1 200 多万吨（Rafiq et al.，2014）。2017 年，国土资源部的数据表明，农田土壤重金属污染造成的直接经济损失至少达 320 亿元（李贵春 等，2009）。

表 1.1　我国部分城市农田土壤中重金属质量分数　　　　　（单位：mg/kg）

| 城市 | Cr | Cu | Pb | Zn | Ni | Cd | Hg | As | 参考文献 |
|---|---|---|---|---|---|---|---|---|---|
| 北京 | 75.74 | 28.05 | 18.48 | 81.10 | — | 0.18 | — | — | Liu 等（2005） |
| 广州 | 64.65 | 24.00 | 58.00 | 162.60 | — | 0.28 | 0.73 | 10.90 | 李贵春等（2009） |
| 成都 | 59.50 | 42.52 | 77.27 | 227.00 | — | 0.36 | 0.31 | 11.27 | 刘重芃等（2006） |
| 郑州 | 60.67 | — | 17.11 | — | — | 0.12 | 0.08 | 6.69 | Liu 等（2007） |
| 扬州 | 77.20 | 33.90 | 35.70 | 98.10 | 38.50 | 0.30 | 0.20 | 10.20 | Huang（2007） |
| 无锡 | 58.60 | 40.40 | 46.70 | 112.90 | — | 0.14 | 0.16 | 14.30 | Zhao（2007） |
| 徐州 | — | 35.28 | 56.20 | 149.68 | — | 2.57 | — | — | 刘红侠等（2006） |
| 兰州 | — | 41.63 | 37.44 | 69.58 | — | — | — | 17.33 | 罗永清等（2011） |
| 国家背景值 | 61.00 | 22.60 | 26.00 | 74.20 | 26.90 | 0.097 | 0.065 | 11.20 | 中国环境监测总站（1999） |

为了摸清我国农田土壤重金属污染程度,曾希柏等(2010)和李莲芳等(2010)在山东、甘肃、河南、吉林等国家粮食主产区,以县为单元较为系统地测定了耕地0～20 cm土层的重金属含量,结果表明我国农业主产区耕地重金属的状况总体较好;但在所调查的四个区域中,含量超过《土壤环境质量 农用地土壤污染风险管控标准(试行)》(GB l5618—2018)Ⅱ级标准的样品比例在2.3%～21.1%,主要超标元素为Cd,此外Ni、Zn含量亦有部分样品超标;超过Ⅲ级标准的样品比例在0.7%～7.5%,全部为Cd(曾希柏 等,2013)。对湖南株洲、湖南石门、甘肃白银和广州汕头等高风险区耕地表层土壤重金属风险调查见表1.2,结果显示:Cd与As超标最为严重,其中湖南株洲农田土壤Cd含量超标程度达到71.2%(表1.2),已严重威胁到农产品的安全种植。Cd污染重灾区湖南的调查表明,株洲市2013年Cd污染超标5倍以上的土地面积达160 km$^2$以上,被重度污染土地面积达34.41 km$^2$,该范围内的农用地早已不宜继续耕作。

**表1.2 我国典型高风险区耕地表层重金属质量分数**

(曾希柏 等,2010;李莲芳 等,2010) (单位:mg/kg)

| 重金属 | 湖南株洲 | | 湖南石门 | | 甘肃白银 | | 广东汕头 | |
| --- | --- | --- | --- | --- | --- | --- | --- | --- |
| | 平均值±标准差 | >Ⅲ | 平均值±标准差 | >Ⅲ | 平均值±标准差 | >Ⅲ | 平均值±标准差 | >Ⅲ |
| Zn | 485.0±487.0 | 25.6 | 73.2±16.5 | 0.0 | 310.0±638.0 | 12.3 | 249.0±8.2 | 0.0 |
| Cu | 54.7±31.3 | 0.0 | 24.9±5.4 | 0.0 | 88.2±132.0 | 5.3 | 179.0±39.1 | 8.7 |
| Cd | 5.9±8.0 | 71.2 | 0.5±0.1 | 0.0 | 5.6±8.9 | 26.3 | 0.7±0.1 | 26.1 |
| Cr | 74.4±29.7 | 0.0 | 58.4±9.7 | 0.0 | 50.3±7.3 | 0.0 | — | |
| As | 36.8±21.9 | 35.3 | 79.0±166.0 | 43.6 | 28.7±33.5 | 21.1 | 118.0±188.0 | 62.3 |
| Ni | 29.4±7.3 | 0.0 | 30.6±6.0 | 0.0 | 31.7±6.5 | 0.0 | — | |
| Pb | 269.0±232.0 | 14.7 | 29.9±3.9 | 0.0 | 131.0±341.0 | 5.3 | 125.0±6.0 | 0.0 |

注:评价标准Ⅲ见《土壤环境质量 农用地土壤污染风险管控标准(试行)》(GB 15618—2018)

## 2. 农产品污染现状

土壤Cd污染一定程度上威胁到粮食安全生产。21世纪初,我国Cd污染农田面积已达27.86万hm$^2$,大田作物生产Cd含量超标的农产品达14.6亿kg/a,大田作物中,重金属超标农产品的产量与面积约占受污染农产品总量与总面积的85%左右,其中以Pb、Cd、Hg、Cu最为突出(曹仁林 等,1999)。Cd超标最为普遍的农产品是水稻。我国水稻种植面积约0.31亿hm$^2$,占世界播种面积的 20%左右；平均年产稻谷 1.87 亿吨（Rafiq et al，2014），居世界第一位。然而，我国稻米重金属污染问题随着稻田土壤重金属污染的加剧而日益严重。我国华东、东北、华中、西南、华南和华北六个地区县级以上市场 91 个大米样品的随机采样和化学分析发现，10%的市售大米 Cd 含量超标（甄燕红 等，2008）。

湖南省位于长江中游江南地区，是全国最大的水稻主产区，无论是污染面积还是污染程度，都是 Cd 污染稻米最为严重的地区之一。近年来，湖南省稻米 Cd 超标状况呈上升趋势，2011 年湘西、湘北、湘南、湘中四个地区稻米 Cd 超标率均高于 2010 年，其中湘西地区增长最多，增幅 13.8%，达到 43.3%（左建雄，2012）。2012 年湖南全省水稻播种面积占全国水稻播种面积的 13.5%，水稻产量 2 631 万吨，占全国水稻产量的 12.9%。2013 年，媒体公布的 8 批次的 Cd 大米及品牌全部来自湖南，产自鱼米之乡的大米频频被检出 Cd 超标震惊全国。

针对食品安全问题，王凯荣（1997）将我国部分地区的农田土壤 Cd 污染状况及当地稻米中的 Cd 含量做了汇总（表 1.3），引起了相关部门的重视。依据联合国食品法典委员会于 2006 年 9 月 7 日发布的有关食品中 Cd 含量最高限值的最新规定，稻米中 Cd 的最高质量分数标准为 0.40 mg/kg，由此可见，表 1.3 中绝大多数地区粮食产品的安全性远远达不到这一标准。我国农作物 Cd 含量比美国同类农作物高出 2.6～3.3 倍，比日本同类作物高出 1.6～5.0 倍（Liu et al.，2003）。为了确保食品安全，联合国粮食及农业组织（Food and Agriculture Organization，FAO）和世界贸易组织（World Trade Organization，WTO）规定，在国际粮食市场上交易的粮食，Cd 质量分数不得超过 0.1 mg/kg（任继平 等，2003）；澳大利亚规定谷物籽粒制品中的 Cd 质量分数不得超过 0.05 mg/kg。国家标准《食品安全国家标准 食品中污染物限量》（GB 2762—2012）中对食品中 Cd 含量具有严格规定，其中大米 Cd 质量分数不高于 0.2 mg/kg、鱼类 Cd 质量分数不高于 0.1 mg/kg、蛋及蛋制品 Cd 质量分数不高于 0.05 mg/kg。根据世界卫生组织（World Health Organization，WHO）1972 年发布的专家委员会建议，每人每日由食物摄取 Cd 的耐受量为 1.0 mg/kg，为我国大米 Cd 标准的 5 倍。为了严控 Cd 对农产品的污染，我国规定水体中含 Cd 的允许浓度为：地表水 Ⅴ 类水不高于 0.01 mg/L，农业灌溉用水和渔业用水不高于 0.005 mg/L，工业废水排放不高于 0.1 mg/L，并将 Cd 列入水环境影响最严重的十一项需含量控制的污染因子名单（余露，2012）。

**表 1.3    我国部分地区污染农田土壤和稻米 Cd 质量分数**（王凯荣，1997）（单位：mg/kg）

| 地区 | 土壤 Cd 质量分数 | | 稻米 Cd 质量分数 | |
|------|------|------|------|------|
| | 最大值 | 平均值 | 最大值 | 平均值 |
| 辽宁沈阳 | 145.00 | 4.47 | 3.70 | 1.09 |
| 陕西宝鸡 | 22.80 | — | 2.19（小麦） | — |
| 甘肃兰州 | 44.70 | 9.69 | 2.67 | 0.72 |
| 河北行唐 | 64.90 | 1.55 | 0.87（小麦） | — |
| 上海川沙 | 130.00 | 1.09 | 4.80 | 0.58 |
| 四川会理 | 105.00 | 18.60 | 1.90 | 0.40 |
| 江西赣州 | 30.00 | 2.46 | 7.39 | 1.33 |
| 江西大余 | 5.05 | 1.49 | 4.75 | 1.00 |
| 湖南安化 | 89.10 | 11.90 | 9.36 | 1.57 |
| 湖南株洲 | 34.40 | 8.30 | 3.50 | 1.12 |
| 湖南衡东 | 45.00 | 27.90 | 2.52 | 1.23 |
| 湖南常宁 | 51.30 | 15.10 | 3.69 | 1.35 |
| 广东广州 | 228.00 | 6.67 | 4.70 | 0.80 |
| 广西灵川 | 40.80 | 21.90 | 2.60 | 1.29 |

## 1.2.2    污染来源及赋存特征

农田土壤 Cd 污染的来源是多方面的，随着环境治理的深入，开采和冶炼等工业废水、废气和废物排放逐渐成为次要污染源。大气污染沉降的贡献不可忽视，高炉烟尘或灰渣中 Cd 含量较高（Das et al.，2007），例如，纺织染料工厂排放的灰渣中 Cd 质量分数达到 3.72 mg/kg，但主要以氧化态和残渣态为主（Liang et al.，2013）。烟尘是重要污染源，长沙市大气 PM2.5 源解析结果表明，春季悬浮物主要来源于机动车尾气排放、化石燃料燃烧、道路扬尘等，PM2.5 中 50%的 Cd 为溶解态和可还原态（Zhai et al.，2014）。农田土壤中的 Cd 主要通过农业生产活动过程产生，如污灌、城市污泥与垃圾乱排乱放、磷肥和有机肥料大量施用等（He et al.，2005），其中污灌是农业土壤 Cd 污染的重要来源之一。除此之外，农药、化肥、覆膜等生产投入品所含污染物质也会进入土壤，造成 Cd 污染。磷肥与有机肥施用造成的 Cd 污染不容忽视。

在我国，施用磷肥与有机肥也会造成农田土壤 Cd 污染。我国磷矿石中

Cd 元素的含量在世界上处于较低水平，但因为磷矿石普遍含磷量不高，品位较低，所以每年要从国外进口大量磷肥（王长伟，2010）。进口磷肥的 Cd 含量较高，其中，磷铵含 Cd 达 7.5～156.0 mg/kg，过磷酸钙含 Cd 达 84.0～144.0 mg/kg，普通过磷酸钙含 Cd 达 9.5 mg/kg，重过磷酸钙含 Cd 达 24.5 mg/kg，大量施用磷肥，会引起土壤 Cd 含量超标。曾希柏等（2013）调研发现，磷肥及含磷复合肥中 Cd 的质量分数为 0.0～37.7 mg/kg，集约化养殖场猪粪中 Cd 的质量分数为 0.22～2.93 mg/kg，由此可见，磷肥与农用有机肥 Cd 污染十分严重。

农田土壤高浓度非稳定性金属对非超累积植物来说是植物性毒素，劣化的土壤质地也会造成农作物减产。在农田土壤中，Cd 以多种化学形态存在，因化学特性、迁移能力、生物可利用性和毒性方面的差异，不同形态的 Cd 具有迥异的物理化学行为。每种金属元素的移动性和生物可利用性均不同（Lee，2006），各种单一和连续提取方法被用来确定金属元素的形态和生物可利用性组分。

Tessier 等（1979）提出了目前应用最为广泛的颗粒重金属形态提取方法，通过连续提取，获得可交换态、碳酸盐结合态、Fe/Mn 结合态、有机态和残渣态重金属。Krishnamurti 等（1995）开发了一种颗粒态 Cd 的选择性连续提取方法，获得可交换态、碳酸盐结合态、金属–有机物络合态、易还原金属氧化物结合态、有机结合态、无定型矿物胶体结合态、Fe 氧化物晶体结合态和残渣态 Cd。很多提取剂如乙酸铵–乙二胺四乙酸二钠盐（AAAc–EDTA–acid ammonium acetate–ethylene diamine tetra acetic acid）（Lakanen et al.，1971）和碳酸氢钠–二乙烯三胺五乙酸（ammonium hydrogen carbonate–diethylene triamine pentaacetic acid，AB–DTPA）（Soltanpour，1991）用来评估植物可利用重金属含量。欧洲共同体标准物质局（European Community Bureau of Reference，BCR）提出了三步提取法（Ure et al.，1992），将重金属分为可交换态（主要是碳酸盐结合态）、乙酸提取的可还原态（主要是 Fe/Mn 水和氧化物结合态）和盐酸羟胺提取态。总体来看，溶解态、可交换态、碳酸盐结合态、Fe/Mn 氧化物结合态移动性较高，可视作植物可利用形态（Obrador et al.，2007），是固化、稳定化和植物修复等过程中需要控制的重金属形态。

影响土壤中植物可利用性 Cd 形态的主要因素是土壤理化性质参数，具体包括 pH、氧化还原电位、盐度、有机质含量、Fe 氧化物和碳酸钙等，这些因素均可以影响 Cd 污染土壤修复性能。pH 显著影响重金属植物可利用性，土壤中 Cd 的移动性和植物可利用性随着土壤 pH 的降低而升高，较低的土壤 pH 能够使 Cd 从稳定态（如碳酸盐或 Fe/Mn 氧化物结合态）向植物可利用性形态（如可交换态）转化（Li et al.，2014）。Yu 等（2016）研究发现，当土壤 pH 从 7.5 降至 4.1 后，土壤孔隙水中溶解态 Cd 含量明显增加，pH 下降有利于根际孔隙水赋存高浓度 Cd。土壤 Cd 赋存对氧化还原电位较为敏感，土壤从有氧环境 [+350 mV<Eh（氧化还原电位）<+100 mV] 变为缺氧环境（Eh<+100 mV）将促进土壤中 Cd 进入孔隙水，形成植物可利用性 Cd（María-Cervantes et al.，2010）。土壤盐度上升能增加重金属的移动性和植物可利用性（Acosta et al.，2011），土壤中高浓度 Cl 可形成 $CdCl^+$ 和 $CdCl_2$ 等稳定化合物，增加土壤 Cd 的解吸量与移动性（Usman et al.，2005）。

有机质是重要土壤成分，能够显著影响 Cd 的环境行为。土壤中重金属可通过有机质吸附或与腐殖质形成稳定化合物，降低其植物可利用性（Zeng et al.，2011）。此外，有机质可向土壤溶液提供腐殖酸和富里酸，这些有机化学品可与重金属形成络合物，增加作物的重金属可利用性（Zeng et al.，2011）。有机质对 Cd 环境行为的影响因土壤特性而异，Zhao 等（2014）认为有机质可通过吸附作用活化土壤 Cd，且有机质对石灰性紫色水稻田土 Cd 的活化性能强于酸性紫色水稻田土。Fe 氧化物具有很强的 Cd 吸附能力，能够影响土壤 Cd 的活性（Liu et al.，2014）。三价铁(Fe(III))还原细菌产生的含铁矿化物和二价铁(Fe(II))氧化微生物产生的细菌性 Fe 氧化物均可以活化土壤 Cd（Muehe et al.，2013）。最后，土壤 $CaCO_3$ 含量越高，对土壤溶液中 $Cd^{2+}$ 的吸附容量与强度越大，越能减轻土壤 Cd 污染的环境风险（Zhao et al.，2014），因此，碱性材料包括海泡石、熟石灰、石灰渣和生物炭等均在修复实践中用来降低土壤 Cd 的移动性和生物可利用性。对植物修复来说，也倾向于选用能适应碱性环境的植物，这是因为当 pH>8 后，Cd 的移动性较低，植物或微生物能够改变土壤 Cd 的形态，提高植物富集效率（Zeng et al.，2011）。

## 1.2.3　土壤重金属限值

在世界范围内，未污染土壤 Cd 质量分数介于 0.01～0.20 mg/kg，均值为 0.01～2.00 mg/kg，中值为 0.35 mg/kg（冉烈 等，2011）。我国土壤 Cd 质量分数背景值为 0.097 mg/kg（中国环境监测总站，1999），主要农业土壤中 Cd 质量分数背景值介于 0.01～1.34 mg/kg，平均值为 0.12 mg/kg（赵中秋 等，2005）。由于我国地域辽阔，土壤类型众多，土壤 Cd 质量分数背景值呈现一定的差异。从全国土壤背景值调查结果来看，我国地带性土壤中以石灰土的 Cd 质量分数背景值最高，达 1.12 mg/kg；其次为磷质石灰土，达

0.75 mg/kg；Cd 质量分数背景值较低的土类有砖红壤、赤红壤和风沙土，均低于 0.06 mg/kg（王欣，2011）。

土壤环境中 Cd 含量不断增加的问题，引起许多国家的关注，这些国家基于对农产品中重金属安全的认识，对农田土壤 Cd 含量进行了严格限制（表 1.4）。从表 1.4 可看出，全球各个国家和地区 Cd 质量分数限值差异较大，最高的为爱尔兰，达到 1.0 mg/kg，最低为丹麦和芬兰，仅为 0.3 mg/kg。我国以 pH 为标注划定了《土壤环境质量 农用地土壤污染风险管控标准(试行)》（GB 15618—2018）（以下简称"标准 GB 15618—2018"）的 Cd 质量分数限值，具体见表 1.5，这也是我国最为常用的 Cd 污染农田土壤的修复要求。总体来看，土壤酸性越强，总 Cd 质量分数限值越低；pH＞7.5 的碱性土壤总 Cd 质量分数限值是 pH＜5.5 的酸性土壤总 Cd 质量分数限值的 4 倍。实际工作中，土壤 Cd 污染程度一般采取单因子评价，具体为

$$P_i = \frac{C_i}{S_i} \qquad (1.1)$$

式中：$P_i$ 为污染指数；$C_i$ 为污染物实测值；$S_i$ 为污染物评价标准（相应 pH 范围下的二级标准值）。评价结果可分为 4 个等级：$P_i \leqslant 1$，非污染；$1 < P_i \leqslant 2$，轻污染；$2 < P_i \leqslant 3$，中污染；$P_i > 3$，重污染（马成玲 等，2006）。

表 1.4 部分国家的土壤 Cd 与 Zn 质量分数限值（Lalor，2008）（单位：mg/kg，干重）

| 国家 | 土壤质量分数限值 | |
| --- | --- | --- |
| | Cd | Zn |
| 加拿大 | 0.5 | 50 |
| 丹麦 | 0.3 | 100 |
| 爱尔兰 | 1.0 | 150 |
| 瑞士 | 0.8 | 200 |
| 芬兰 | 0.3 | 90 |
| 捷克 | 0.4 | 150 |
| 荷兰 | 0.8 | 140 |

为了确保农产品种植安全，我国还出台了国家标准《食用农产品产地环境质量评价标准》（HJ/T 332—2006）（以下简称"标准 HJ/T 332—2006"），全面规定了水作、旱作、水果与蔬菜种植地的土壤 Cd 质量分数（表 1.5）。该标准也可用于指导 Cd 污染农田土壤修复实践。从表可看出，当 pH＜6.5 时，标准 HJ/T 332—2006 与标准 GB 15618—2018 二级标准中的土壤总 Cd

质量分数限值一致，随着土壤 pH 增加，标准 HJ/T 332—2006 的总 Cd 质量分数限值明显严于标准 GB 15618—2018 二级标准（表 1.5）。此外，标准 HJ/T 332—2006 还规定用于水作与蔬菜的灌溉用水的总 Cd 质量分数 $\leqslant$ 0.005 mg/L，旱作灌溉用水的总 Cd 质量分数 $\leqslant$ 0.01 mg/L。

**表 1.5 我国土壤总 Cd 质量分数限值** （单位：mg/kg，干重）

| 项目 | pH$\leqslant$5.5 | 5.5<pH$\leqslant$6.5 | 6.5<pH$\leqslant$7.5 | pH>7.5 | 标准 |
|---|---|---|---|---|---|
| 水田 | 0.25 | 0.30 | 0.50 | 1.00 | 《土壤环境质量 农用地土壤污染风险管控标准（试行）》（GB 15618—2018）二级标准 |
| 旱地 | 0.25 | 0.30 | 0.45 | 0.80 | |
| 菜地 | 0.25 | 0.30 | 0.40 | 0.60 | |
| 水作、旱作和果树等 | — | $\leqslant$0.30 | $\leqslant$0.30 | $\leqslant$0.60 | 《食用农产品产地环境质量评价标准》（HJ/T 332—2006） |
| 蔬菜 | — | $\leqslant$0.30 | $\leqslant$0.30 | $\leqslant$0.40 | |

## 1.2.4 相关修复研究进展

Cd 污染农田修复实践中，通常采用工程措施、电动修复、淋洗修复、固化/稳定化修复、植物修复、田间管理及联合修复等技术，削减土壤总 Cd 含量，以满足标准 GB 15618—2018 二级标准或标准 HJ/T 332—2006，或削减土壤生物可利用性 Cd 含量（Tang et al.，2016）。本小节聚焦 EKG 电动修复重金属污染农田的核心环节，重点对与之相关的化学淋洗、电动修复和 EKG 电动脱水技术进行梳理，具体情况如下。

### 1. 化学淋洗

化学淋洗是少数能彻底和有效去除土壤重金属的措施（Dermont et al.，2008）。化学淋洗液或助溶剂通过螯合、解吸、溶解或固定等化学过程，来分离土壤中重金属等污染物，最终达到净化污染的目的。化学淋洗是一种异位修复技术，重金属从土壤基质中溶解和分离后形成的淋出液，处理起来要比直接修复土壤难度低很多。

土壤化学淋洗的关键是寻找一种既能经济高效提取有效态重金属，又不破坏土壤结构的淋洗剂。表 1.6 从淋洗规模、土壤特征、淋洗剂、最佳淋洗条件与淋洗性能（总 Cd 去除与有效态 Cd 去除）等方面，总结了我国 Cd 污染农田土壤淋洗研究概况。从表 1.6 可看出，Cd 污染农田土壤淋洗修复还处于实验室研究阶段，被淋洗土壤均为过筛的土壤颗粒，超过 80% 的研究限于离心管尺度，剩余研究在小型土柱中开展；有效态 Cd 淋洗性能较好

表 1.6 我国 Cd 污染农田土壤淋洗修复概况

| 淋洗修复规模 | 淋洗土壤特征 | | | | | 最佳淋洗条件 | | | | 淋洗性能 | | 数据来源 |
| --- | --- | --- | --- | --- | --- | --- | --- | --- | --- | --- | --- | --- |
| | 土壤类型 | pH | 有机质/% | 总 Cd 质量分数/(mg/kg) | 有效态 Cd 质量分数/(mg/kg) | 淋洗剂 | 液固比 | 时间/h | 次数 | 总 Cd 去除/% | 有效态 Cd 去除/% | |
| 40 cm 壤柱 177.3 g 土 | 过 10 目筛的自然污染土壤 | 5.15 | 2.03 | 3.10 | 1.56② | 0.001 mol/L FeCl₃+0.002 mol/L 柠檬酸 | 5:1 | — | 1 | 81.52 | 98.24 | 刘培亚等（2015） |
| 50 mL 塑料瓶 10 g 土 | 过 2 mm 筛的自然污染土壤 | 7.32 | 5.68 | 16.44 | — | 0.1 mol/L HCl+0.4 mol/L FeCl₃ | 2:1 | 3.0 | 1 | 78.86 | — | 陈春乐等（2014） |
| 50 mL 离心管 2 g 土 | 过 2 mm 筛的自然污染土壤 | 5.63 | — | 11.00 | 2.95② | 0.02 mol/L FeCl₃+0.1 mol/L 酒石酸 | 5:1 | 24.0 | 3 | 42.60 | 77.80 | 李玉姣等（2014） |
| 50 cm 壤柱 1 000 g 土 | 过 18 目筛的自然污染土壤 | 7.63 | 2.13 | 3.07 | 0.22① | 5%Tween-80 | 1:1 | — | 1 | 73.87 | 86.05 | 曲蛟等（2012） |
| 250 mL 锥形瓶 50 g 土 | 过 5 mm 筛自然污染土壤 | 4.32 | 1.67 | 0.40 | — | 0.25 mmol/L 混合螯合剂 | 1:1 | 2.0 | 1 | 16.70~26.50 | — | 郭晓方等（2011） |
| 搪瓷盆 5 000 g 土 | 过 5 mm 筛的自然污染土壤 | 4.13 | 3.24 | 1.26 | — | 0.01 mol/L 混合螯合剂 | 1.6:1 | 4.5 | 2 | 40.46 | — | 黄细花等（2010） |
| 25 mL 离心管 1 g 土 | 过 2 mm 筛的自然污染土壤 | 6.20 | 1.90 | 3.40 | — | 0.1 mol/L 酒石酸 | 25:1 | 10.0 | 1 | 52.0 | — | 刘岚昕等（2012） |
| 40 cm 壤柱 731 g 土 | 过 2 mm 筛的自然污染土壤 | 6.40 | 0.90 | 91.80 | 62.70② | 0.4 M 酒石酸 | 3.5:1 | — | 5 | 91.30 | 97.61 | 可欣等（2009） |

| 淋洗修复规模 | 淋洗土壤特征 | | | | | 最佳淋洗条件 | | | | 淋洗性能 | | 数据来源 |
|---|---|---|---|---|---|---|---|---|---|---|---|---|
| | 土壤类型 | pH | 有机质 /% | 总 Cd 质量分数 /(mg/kg) | 有效态 Cd 质量分数/(mg/kg) | 淋洗剂 | 液固比 | 时间/h | 次数 | 总 Cd 去除 /% | 有效态 Cd 去除/% | |
| 100 mL 离心管 5 g 土 | 过 2 mm 筛的自然污染土壤 | 7.34 | 2.64 | 24.20 | 18.30① | 0.005 mol/L EDTA | 2.5:1 | 1.0 | 3 | 55.20 | 89.90 | 杨冰凡等 (2013) |
| 50 mL 离心管 2 g 土 | 过 20 目筛的自然污染土壤 | 6.34 | — | 52.20 | — | 0.1 mol/L EDTA | 6:1 | 3.0 | 2 | 60.00 | — | 朱光旭等 (2013) |
| 100 mL 离心管 1 g 土 | 过 2 mm 筛的自然污染土壤 | 6.40 | 0.90 | 91.80 | 62.70② | 0.1 mol/L EDTA | 25:1 | 24.0 | 1 | 89.14 | 75.10 | 可欣等 (2007) |
| 50 mL 离心管 1 g 土 | 过 2 mm 筛的自然污染土壤 | 7.74 | 4.14 | 100.00 | — | 0.6 mol/L 柠檬酸 | 25:1 | 8.0 | 1 | 46.00 | — | 易龙生等 (2013) |
| 25 mL 离心管 1 g 土 | 过 20 目筛的模拟污染土壤 | 6.12 | 1.6 0 | 38.25 | 27.96② | 0.06 mol/L 柠檬酸 | 5:1 | 48.0 | 1 | 88.60 | 95.28 | 李玉双等 (2012) |
| 50 mL 离心管 1 g 土 | 过 20 目筛的自然污染土壤 | 4.98 | 1.50 | 1.55 | — | 0.05 mol/L 柠檬酸 | 10:1 | 2.0 | 1 | 34.58 | — | 许超等 (2009) |
| 25 mL 离心管 0.6 g 土 | 过 200 目筛的模拟污染土壤 | 7.61 | 3.78 | 2.19 | 0.77② | 5%皂角苷 | 25:1 | 12.0 | 1 | 45.60 | 16.89 | 朱清等 (2010) |
| 10 cm 壤柱 100 g 土 | 过 2 mm 筛的模拟污染土壤 | 7.68 | 0.47 | 10.0 | 5.75① | 7%茶皂素 | 4:1 | 16.7 | 1 | 42.38 | 83.97 | 李光德等 (2009) |
| 25 cm 壤柱 | 自然污染土壤 | 7.39 | 2.46 | 1.92 | — | 去离子水 | 5:1 | 24.0 | 1 | 2.34 | — | Zheng 等 (2013) |

① BCR 法提取的酸溶态 Cd; ② Tessier 法提取的可交换态 Cd

的淋洗剂包括 FeCl₃、螯合剂乙二胺四乙酸（ethylene diamine tetraacetic acid, EDTA）、有机酸（柠檬酸、酒石酸）和表面活性剂如 Tween-80、皂角苷和皂角素，以及混合试剂等。室内淋洗结果表明，在理想实验条件下，农田土壤最佳淋洗不超过 3 次，最长淋洗时间一般低于 24 h，最佳液固比低于 5:1，有效 Cd 洗脱效率一般都能达到 80%以上。

尽管淋洗技术尚未用于农田土壤修复，但场地修复实践表明，淋洗可快速将重金属从土壤中移除（ITRC, 1997），短时间内实现高浓度污染土壤的治理，现已成为重金属污染土壤快速修复技术的研究热点和发展方向之一（李玉双 等, 2011）。土壤化学淋洗具有见效快、选择性强（适用于绝大部分重金属）、操作灵活（原位或异位淋洗均可）、修复效果彻底、淋洗剂易获取等优点（可欣 等, 2004）。但实际应用过程中，土壤淋洗也存在一定的缺陷和局限性，主要表现为质地黏重、渗透性比较差的土壤淋洗效果差，天然淋洗剂获取途径匮乏，高效淋洗剂价格昂贵，洗脱废液可能造成土壤和地下水的二次污染（Dermont et al., 2008），淋洗费用昂贵等，残留淋洗剂可造成土壤理化性质改变，以及深层土壤和地下水的二次污染，对农田土壤环境构成威胁（Taube et al., 2008；蒋先军 等, 2003；骆永明, 2000）。

土壤化学淋洗时，无论哪种淋洗剂，以可交换态和碳酸盐结合态形式存在的重金属容易被淋出，而相对稳定的残渣态较难去除（孙涛 等, 2015a）。淋洗应用于重金属污染农田土壤修复的关键是寻找安全易降解、适用中低污染程度土壤、淋洗效果优异的环保型土壤修复淋洗剂，以及开发可规模化应用的农田土壤淋洗技术。重金属污染土壤的场地淋洗主要是原位实施，一般修复工期为 4~9 个月，具体修复周期与土壤理化性质、污染特征、污染物浓度、修复标准等密切相关。重金属淋洗修复费用较高，美国和欧洲的淋洗成本分别为 100～200 美元/吨土壤（美国）和 25～120 美元/吨土壤（ITRC, 1997）。

### 2. 电动修复

电动修复法是近年来发展较快的一种环境友好型重金属物理性修复技术（Suer et al., 2003），该技术是物理化学、环境化学、土壤化学和电化学等学科交叉的产物（Kim et al., 2002），适用于处理低渗透性黏土或淤泥。电动修复技术最早在 20 世纪 90 年代由美国路易斯安那州立大学开发（张兴等, 2008），主要针对受重金属污染的土壤及地下水的修复。其技术过程为，在污染土壤两侧施加低强度直流电压（直接将电极插入受污染土壤），在低压直流电场中，通过电渗流的产生，促使中性污染物溶解与释放，并随着孔隙水在土壤中迁移（Cameselle et al., 2012）。

　　电动修复原理主要包括：①电迁移：带电离子在直流电场作用下发生定向移动；②电渗：底泥孔隙水等液体在电场作用下由阳极向阴极的流动；③电泳：土壤带电颗粒和胶体粒子在电场作用下的运动；④扩散：污染物由高浓度向低浓度方向的运动。其中，电迁移和电渗是电动修复的主要作用机理（Acar et al.，1993）。在电场作用下，土壤中的 Cd 离子等带正电荷物质及阳离子向阴极方向移动，而氯化物、氟化物、硝酸盐等带负电荷的物质及阴离子则向阳极方向移动。富集在电极的 Cd 的可以通过多种方式来清除，如电镀、沉淀或共沉淀、抽吸电极附近的水或与离子交换树脂络合等。电动修复特别适合于低渗透的黏土和淤泥土，可以有效控制重金属离子的流动方向。

　　传统电动修复装置通常由阳极、阴极、样品室、阳极室、阴极室、直流电源等组成，结构较为复杂（图 1.1），现场应用难度相对较大。具体电动修复过程中，最为重要的化学反应是电解水（图 1.2），其结果是在阳极侧产生 $H^+$，在阴极侧产生 $OH^-$（Nogueira et al.，2007）。pH 控制着土壤中各种离子的吸附与解吸、沉淀与溶解等过程，土壤酸度明显影响电渗速度（Ammami et al.，2015）。其次，$H^+$ 与 $OH^-$ 的在电极附近的不断富集，分别造成了阳极酸化腐蚀（pH＜2）和阴极碱化（pH＜12）污染（Cameselle et al.，2012）。另外，阳离子特别是带正电的重金属离子将与阴极附近蓄积的 $OH^-$ 相遇并生成沉淀，堵塞土壤微孔，致使电导降低，能耗升高和修复效率下降。因此，对传统电动修复来说，如何快速排出孔隙水，避免 $H^+$ 与 $OH^-$ 在电极附近大量聚集，并缓解电极极化，是提高电动修复效率迫切需要解决的关键技术难题。

图 1.1　电动修复装置示意图（Cameselle et al.，2012）

A—样品室；B—阳极室；C—阴极室；D—阳极；E—阴极；F—电渗液控制阀；G—磁力搅拌器；H—导线；
I—直流电源；J—万用电表；K—电渗液储存瓶

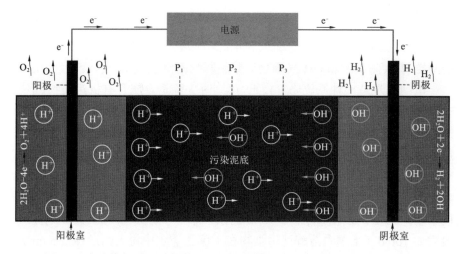

图 1.2 电动修复原理示意图（以石墨电极为例）（Nogueira et al., 2007）

国内外主要采用石墨等硬质电极,以过筛或人工配置的污染土壤或底泥开展电动修复试验（Tang et al., 2016；Ammami et al., 2015；袁华山 等, 2006）。谢国棵等（2008）研究发现,当阴极清洗液 pH=5.0 时,过 20 目筛的重金属污染河涌底泥中 Zn、Cu 的去除率分别达到 40.26% 和 34.08%。林丹妮等（2009）研究结果表明,Zn、Cu、Ni 在阴极附近底泥中的富集程度分别超过 24%、10% 和 33%,三种重金属的总体去除率分别为 23%、4% 和 17%。刘广容等（2011）研究发现,弱电场（1 V/cm）可激活底泥微生物的活性,促进含氮化合物在底泥中电动迁移,其中,硝酸盐的迁移强于铵盐。Kim 等（2011）研究发现,采用 0.1 mol/L EDTA 为电解液和电压梯度为 1 V/cm 时,处理 15 d 后,疏浚海洋淤泥中 Ni 的去除率可达到 70%。Ammami 等（2015）以乙酸与表面活性剂 Tween20 为电解液,通过循环间歇电动修复去除了疏浚底泥中 35% 的 Cd。

在重金属污染农田土壤电动修复方面,我国自 2006 年以来已开展了不少研究,主要集中在实验设计、电动过程及其机理、电极形状与电动修复效率优化等方面的探索。表 1.7 从电动修复土壤类型、电动修复技术参数和修复效率（总 Cd 去除）等总结了国内 Cd 污染农田土壤电动修复的研究状况。从表 1.7 可看出,目前 Cd 污染土壤电动修复基本都采用过筛的模拟污染土壤,Cd 质量分数超过自然污染土壤 Cd 质量分数的数百倍;实验尺度很小,主要在长度不足 1 m 的土柱中开展室内研究,所采用的电极多为石墨,电压梯度范围为 1~4 V/cm,绝大多数位于电动修复的最佳电压梯度区间 0.2~2.0 V/cm（Probstein et al., 1993）。从表 1.7 还可看出,不同模拟实验的电动修复效率差异较大,介于 14.7%~95.1%,这是因为影响电动修复效率的因素较多,主要包括土壤 pH、Zeta 电位,土壤温度、土壤含水率、电极材料等(文庆 等,2015)。电动修复效率还可能因土壤表面颗粒对重金属吸附及电极两端 $H^+$(阳极)和 $OH^-$(阴极)聚集影响而降低(Gomes et al.,2012)。

电动修复是一种原位修复技术,可同时去除重金属和有机污染物、不搅动土层、操作简单、处理效率高;但易导致土壤理化性质变化,存在污染物选择性不高、酸化措施的生态风险性较大等方面的不足,在实践应用中还需进行较多方面的完善。电动修复重金属污染土壤一般周期较长,费用昂贵,李程峰(2004)提出了一种对红壤 As、Cd 的电动力去除技术,治理周期为 4 d,$Cd^{2+}$ 去除率为 79.18%,电力成本为 42.6 元/$m^3$。国外采用电动技术开展了场地修复,在电极间距 2~3 m 的条件下,污染物迁移到另一个电极一般需要 100 d(土壤中溶解性污染物在土壤孔隙水中每天约迁移 2.5 cm),具体修复时间需要根据场地污染情况与修复要求而定。根据美国环境保护署(U.S. Environmental Protection Agency,EPA)的报告,电动修复的直接电力成本约 25 美元/$m^3$ 土壤(电极间距 1.0~1.5 m,能耗 500 kW·h/$m^3$ 土壤)。Geokinetics International、Electrokinetics Inc、DuPont R$D 等公司的场地修复费用分别为:80~300 美元/$m^3$ 土壤,25~130 美元/$m^3$ 土壤和 85 美元/$m^3$ 土壤(ITRC,1997)。

## 3. 电动脱水

EKG 是电渗原理和土工布相结合的一种新型电动土工材料,带有金属导线与导水沟槽,主要用作淤泥排水和软基加固。EKG 由英国纽卡斯尔大学研发,主要用于脱水,Lamont-Black(2001)首次报道了 EKG 电极在防腐蚀和脱水等方面的技术优势,Jones 等(2002)采用 EKG 电极对软质高岭黏土脱水,发现 EKG 电极不会随着电动时间的延长而腐蚀。武汉大学庄艳峰教授将 EKG 电极用于加固软土地基,结果发现,15 d 后,土体含水率减少了 4.8%~18%(胡俞晨 等,2005)。与传统石墨电极相比,EKG 电极的主要优点包括:①反滤和排水功能优异,有别于传统电渗,孔隙水排放能力强;②弱化了 $H^+$ 与 $OH^-$ 的在电极附近的富集,有效缓解了阳极酸化和阴极碱化,促进了污染物在底泥介质中的迁移和去除;③节能,EKG 电极修复重金属污染农田土壤的能耗低于 2.17 kW·h/$m^3$ 土壤(Tang et al.,2018),远低于传统电极的 38~1 264 kW·h/$m^3$ 土壤(Cangand Yuan et al.,2017;Zhou,2011)。

表 1.7　我国 Cd 污染农田土壤电动力修复概况

| 修复规模 | 修复土壤特征 | | | | 最佳电动力修复条件 | | | | | | 总 Cd 去除率/% | 数据来源 |
|---|---|---|---|---|---|---|---|---|---|---|---|---|
| | 类型 | w(Cd)/(mg/kg) | pH | 有机质/% | 阳极 | 阳极液 | 阴极 | 阴极液 | 电压梯度/(V/cm) | 修复时长/d | | |
| 土柱：长 15 cm，直径 4.5 cm | 过筛模拟污染黏土 | 156.30 | — | — | 石墨 | — | 石墨 | — | 3.0 | 6.5 | 14.70 | 徐磊等（2015） |
| 土柱：30 cm×20 cm×10 cm | 过 60 目筛的模拟污染高岭土 | 500.00 | — | — | — | KCl | — | KCl | 1.0 | 4.0 | 86.29 | 冷伶俐等（2015） |
| 土柱：长 60 cm，半径 6.0 cm | 过 100 目筛的模拟污染土壤 | 108.90 | 6.08 | — | $Fe^0$+沸石+石墨 | — | 沸石+石墨 | — | 1.6 | 20.0 | 89.90 | 刘芳等（2015） |
| 土柱：长 10 cm，直径 4.5 cm | 过 2 mm 筛的模拟污染土壤 | 301.30 | 5.36 | 4.04 | 石墨 | $NaNO_3$ | 石墨 | EDTA | 4.0 | 5.0 | 95.10 | 周鸣等（2014） |
| 土柱：10 cm×5 cm | 过 100 目筛的模拟污染黏土 | 500.00 | — | — | $Fe^0$+沸石+石墨 | — | 沸石+石墨 | — | 1.5 | 10.0 | 44.50 | 马晋等（2012） |
| 土柱：长 10 mm，内径 4.5 cm | 过 2 mm 筛的模拟污染棕土 | 1 000.00 | — | — | — | — | — | — | 4.0 | 5.3 | 69.90 | 席永慧等（2010） |
| 土柱：2.6 kg 土 | 过筛的模拟污染棕壤 | 730.00 | 6.60 | 1.09 | 石墨 | — | 石墨 | — | 1.0 | 455 | 97.15 | 孙泽锋等（2008） |
| 土柱：21 cm×5.5 cm×11 cm | 过 60 目筛的模拟污染土壤 | 185.00 | 7.74 | — | Ti/Ru | 柠檬酸-柠檬酸钠 | Ti/Ru | 柠檬酸-柠檬酸钠 | 1.0 | 1.5 | 82.00 | 郑燊燊等（2007） |
| 土柱：24 cm×10 cm×8 cm | 过 2 mm 筛的模拟污染沙土 | 500.00 | — | 0.53 | 石墨 | $KNO_3$ | 石墨 | $KNO_3$ | 1.0 | 2.0 | 79.60 | 马建伟等（2007） |

| 修复规模 | 修复土壤特征 | | | | 最佳电动力修复条件 | | | | | | 总Cd去除率/% | 数据来源 |
|---|---|---|---|---|---|---|---|---|---|---|---|---|
| | 类型 | w（Cd）/（mg/kg） | pH | 有机质/% | 阳极 | 阳极液 | 阴极 | 阴极液 | 电压梯度/（V/cm） | 修复时长/d | | |
| 土柱: 21 cm×5.5 cm×11 cm | 过60目筛的模拟污染土壤 | 100.00 | 7.74 | 1.09 | Ti/Ru | 柠檬酸-柠檬酸钠 | Ti/Ru | 柠檬酸-柠檬酸钠 | 1.0 | 2.5 | 68.00 | 句炳新等（2006） |
| 土柱: 长12 cm×直径6.6 cm | 过0.84 mm筛自然污染土壤 | 2.66 | 4.66 | 0.33 | Ti | NaCl | Ti | NaCl | 1.0~3.0 | 17.5 | 90.00 | Cang等（2009） |
| 土柱: 12 cm×直径6.6 cm | 自然污染土壤 | 200.00 | 7.40 | 1.02 | 石墨 | 自来水 | 石墨 | 自来水 | 1.0 | 7.0 | 94.00 | Lu等（2012） |

电渗是底泥电动脱水的主要机理（Jones et al., 2008），当在含饱和水的底泥或沉积物中插入电极时，电流从阳极流向阴极，带有极性的水分子会向阴极流动。国内外利用电渗机理，开展了少量疏浚底泥或生活污泥的脱水试验研究。陈雄峰等（2006）对太湖环保疏浚底泥进行电渗脱水干化研究，结果发现，240 h 处理后，底泥含水率从初始 38.72%降至 32.85%，脱水效果受底泥含水率、电压梯度、电极的耐腐蚀性、电极布置方式的影响较大。其中，排形电极比环形电极更有利于排出底泥中的水分。Flora 等（2016）研究了疏浚底泥的电渗脱水固结性能，在 12 V 直流电场中，处理 16 h 后，底泥沉降了 8 mm，导致这一变化的主要驱动力为孔隙水脱除后的底泥微结构改变。

基于优异的电渗、反滤与排水性能，EKG 在电动脱水领域的应用备受关注。Jones 等（2011）展望了 EKG 电极在水利行业相关领域的应用前景，包括脱水固结、边坡加固、生活污泥脱水和尾矿渣脱水等。英国和德国等采用 EKG 管袋开展生活污泥脱水 [图 1.3 （a）]，结果将污泥干物质含量从不足 3%提高至 31%以上，脱水后的污泥直接可用于后续填埋和焚烧。Fourie 等（2010）在 1.1 V/cm 的电压梯度下，利用 EKG 管袋将尾矿渣的含水率从 179%降至 57%。Lamont-Black 等（2015）采用 EKG 管袋对核污染废物脱水，在 30～60 V 直流电场中，处理 1～5 d 后，含水率从初始 98%降至 70%～80% [图 1.3 （b）]。湖北长江清淤疏浚工程有限公司采用 EKG 电极对河湖疏浚底泥脱水固结，处理 21 d 后，底泥含水率从 68% 降至 36%，能耗约 5.6 kW·h/m$^3$（范志强，2015）。总体来看，EKG 脱水性能优异，主要采用管袋开展异位排水实践（图 1.3），但 EKG 电极缺乏孔隙水收储与导排设施（Tang et al., 2018），鲜见脱水同步去除污染物的研究和报道。

（a）生活污泥脱水处理（Jones et al., 2011）　　　（b）核污染废物脱水处理（Lamont-Black et al., 2015）

图 1.3　EKG 管袋对核污染废物和城市生活污泥脱水处理

## 4. EKG 电动修复

对低缓冲能力的农田土壤介质而言，电动修复过程中的电解水反应，将造成阳极附近的 pH 降至 2～3，阴极附近的 pH 升至 8～12（Giannis et al.，2005）。因此，阴极区土壤需要酸化，以免溶解态 Cd 被土壤颗粒吸附或与羟化物和氢氧化物等形成沉淀。除了土壤 pH 控制这一难题，大多数电动修复研究主要采用筛分的人工污染土壤，Cd 含量通常为污染农田土壤实际 Cd 含量的近百倍（Cameselle et al.，2016；Chen et al.，2015a）。此外，现有电动修复模拟试验尺度较小，主要在长度不超过 1 m 的土柱中进行（Tang et al.，2016；Giannis et al.，2009）。考虑模拟试验条件与田间实际状况的巨大差异，现有电动修复研究的成果较少为农田污染修复实践所借鉴，另外，当前电动修复装置通常包括阳极、阴极、阳极室、阴极室、离子交换膜、电源和泵等（Chen et al.，2015b），必不可少的电极室，难以避免的极化问题和电极腐蚀，难以分离阴极富集的重金属，这些因素极大限制了现有电动修复技术在重金属污染农田土壤修复实践中的应用。

通常来说，在农作物种植过程中，Cd 主要赋存于土壤颗粒、土壤孔隙水和农作物组织等环境介质。根系从土壤孔隙水中吸收和转运生物可利用性 Cd 是农作物 Cd 污染的主要原因（Hu et al.，2015；Rafiq et al，2014）。因此，如何将土壤颗粒中的 Cd 溶解并释放进入孔隙水，然后最大限度排放富含 Cd 的土壤孔隙水，将是修复 Cd 污染农田土壤和保障农产品安全种植的治本之策之一。

孔隙水与农田土壤中 Cd 的赋存、分布与运移密切相关，土壤孔隙水的迁移能力十分重要且具有较高价值。与传统电动修复相比，EKG 属于平台工艺，除反滤和排水外，兼顾电渗、电泳和电解等其他电动修复相关性能（Jones et al.，2011）。在农田土壤或污泥等细颗粒基质中，电渗流速率比水力渗流速率大 4 个数量级以上（Lamont-Black et al.，2015），因此，EKG 相关的材料与工艺可应用于水利行业，其软基和淤泥质的排水效率也是传统排水技术难以企及的（Jones et al.，2008）。

EKG 也叫电动土工布，其在抗腐蚀材料表面覆盖导电材料，然后与土工材料有机结合。这项专利设计有效克服了电极腐蚀问题（Glendinning et al.，2007）。通过将电极形成土工布，EKG 利用排水和反滤实现了脱水，即便是不通电，土壤孔隙水也能够通过 EKG 的导水槽快速重力排放。当施加低压直流电场后，除重力排水外，土壤孔隙水还会从阳极向阴极定向迁移。尽管 EKG 技术优势明显，然而，还有以下因素限制了 EKG 应用于重金属污染农田土壤的电动修复实践：阳极在电解水形成的酸性土壤环境中快速溶解（Glendinning et al.，2007），以及缺乏适用于农田土壤环境的专用修复装置。

综上，采用 EKG 电极对农田土壤孔隙水进行电动导排，进而削减土壤总 Cd 和生物可利用性 Cd 含量，具有理论可行性和实践必要性，但具体性能与相关机理仍不清晰。本小节拟以南方 Cd 污染稻田土为研究对象，采用 EKG 为电极，筛选农田土壤重金属活化剂，研发原位电动排水脱除成套技术装置，在排除土壤孔隙水的同时脱除有效态重金属，从源头上削减土壤有效态重金属含量，确保农产品种植安全。农田土壤重金属原位电动排水脱除成套技术装置见图 1.4，技术原理见图 1.5；从图 1.4 与图 1.5 可看出，在

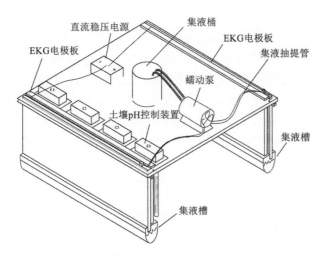

图 1.4　农田土壤重金属原位电动排水脱除成套技术装置示意图

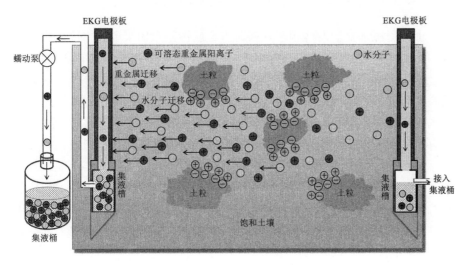

图 1.5　土壤重金属原位电动排水脱除技术原理

水稻生长间歇期和泡田期，调控土壤 pH 至酸性环境，释放有效态重金属进入土壤孔隙水；将 EKG 电极板插入耕作层土壤，利用电渗脱水和电迁移作用，对土壤孔隙水及有效态重金属进行迁移，迁移到 EKG 电极的土壤孔隙水在重力作用下进入集液槽，随后通过蠕动泵或重力虹吸等方式外排，完成农田有效态重金属的水土分离。采用该技术后，具有以下三方面重要科技进步。

（1）瞄准土壤尤其是土壤孔隙水中的有效态重金属，通过土壤 pH 调控促进有效态重金属释放，利用 EKG 电极原位脱除土壤孔隙水，在水分驱动作用下排出有效态重金属，完成了重金属的水土分离，将难度较大的土壤重金属处理转为相对简单的水体重金属处理。

（2）集农田土壤有效态重金属的释放、形态控制及孔隙水迁移、储存与排放等一体化设计，能耗低，易安装，可拼装组合，重复使用性强，无二次污染、后续处理简便，具备批量化和规模化应用潜力。

（3）可在种植间歇期与泡田期实施，能快速削减土壤有效态重金属含量，又不影响农作物的安全有序种植，在缩短修复周期，提高污染土壤资源利用率方面潜力突出，能够获得修复实效与长效，具备较强的技术推广应用前景。

# 1.3　本书内容及成果结构

## 1.3.1　本书内容

土地资源丰富的发达国家一般对重金属污染农田采取轮作或休耕等措施，但对耕地资源十分紧张、粮食和食物安全形势十分严峻的中国来讲，对重金属污染农田寻求"边修复、边利用"是当前最为实际的选择。十多年的科学研究和大量的实践证明，由于我国农业生态环境的特殊性，照搬国外技术与理论无法切实解决我国农业领域所面临的重大环境和科学问题，难以有效地遏制农田土壤环境污染和日趋加剧的发展态势。以最具代表性的 Cd 污染治理为例，目前，相关修复研究主要集中在室内实验与小规模野外验证试验阶段，特别是淋洗修复与电动修复，鲜见野外现场应用报道。化学淋洗可快速活化释放土壤颗粒结合的重金属，电动修复能够有效迁移富集土壤溶解态重金属，EKG 除具有常规电动修复作用外，还拥有强大的反滤与排水功能。

基于此，本书以改善农田土壤环境质量为核心，瞄准削减土壤重金属总量与有效态含量，通过突破单一修复技术的不足，对化学淋洗、电动修复与 EKG 电动脱水进行优势互补，逐步将重金属从土壤洗脱转移进入孔隙水，然后电动外排和处理，这样既清洁了土壤，还不影响正常农作，是符合中国重金属污染耕地资源利用国情，并满足正常农作秩序需要的重金属污染农田修复技术。本书聚焦 Cd 污染农田土壤，通过理论分析、模拟实验、装置研制和田间示范等，开展农田土壤重金属原位电动排水脱除研究，主要内容包括四部分。

（1）土壤重金属活化释放特征及影响因素。采用过筛土样、原状土样及田间土壤开展活化实验，优选重金属活化释放效率高、用量低、土壤环境影响小的活化剂，探讨活化剂用量、活化时间与 pH 对重金属释放的影响，揭示活化后土壤重金属形态变化规律，提出可用于农田土壤重金属田间活化技术参数。

（2）活化重金属田间退水强排及技术优化。比较沟槽排水、毛细透排水和电动力学排水的孔隙水导排及重金属脱除性能，筛选适用于处理低渗透性农田土壤的电动强排技术，评估通电方式（连续通电、间歇通电和提高电压法）、电压梯度、含水率、电动时间和电极间距等对孔隙水脱除与 Cd 分离的影响。

（3）电动排水原位脱除重金属性能及影响因素。研制了 EKG 电动修复装置，开展田间试验，研究孔隙水导排规律、土壤 Cd 去除机制以及能耗，评估土壤含水率、电压梯度等对孔隙水导排和 Cd 去除的影响，分析孔隙水电动导排前后土壤理化性质差异，探讨活化剂残留对土壤环境与农作物种植的影响，优化孔隙水电动导排脱除重金属的技术参数。

（4）重金属污染农田土壤电动修复技术集成与田间示范。优化土壤重金属活化释放、活化重金属电动排水脱除、排水重金属人工水槽净化等单项关键技术的工艺参数，集成一套重金属低影响活化，重金属电动排水分离，排水重金属人工水槽净化等相互衔接的重金属农田土壤电动修复技术，通过田间示范评估其技术可行性与经济合理性。

## 1.3.2　成果结构

本书聚焦农田土壤重金属总量与有效态含量削减，以孔隙水为载体，全过程考虑有效态重金属活化释出和孔隙水电动收集、存储、排放与处理，优化集成化学淋洗、电动修复和 EKG 电动脱水等技术优势，通过技术的体系化和装置化，开展基于孔隙水导排的 EKG 电动修复机理与关键技术研究，丰富农田土壤电动修复理论与方法，获得了高效低耗的农田土壤活化剂与孔隙水导排模式,研制 EKG 电动修复成套装置,开展原位田间修复示范,促进农田土壤重金属污染修复技术进步,为提高污染农田土壤资源利用效率,保障农产品与农田生态系统安全,推进美丽乡村建设,打好扶贫攻坚战,落实生态文明建设要求等提供强有力的科技支撑。

本书以最具代表性的 Cd 污染农田土壤为对象,在技术、经济和环境等因素的约束下,通过理论分析、模拟实验、技术集成、装置研制与田间示范等,提出 EKG 电动修复技术架构,研究农田土壤重金属活化释放特征及影响因素,优化退水强排土壤有效态重金属的性能及技术参数,集成 EKG 电动修复技术并进行装置化,通过田间示范验证其技术经济可行性,为后期 EKG 电动修复技术装置的升级和规模化应用奠定良好基础,具体逻辑关系见图 1.6。

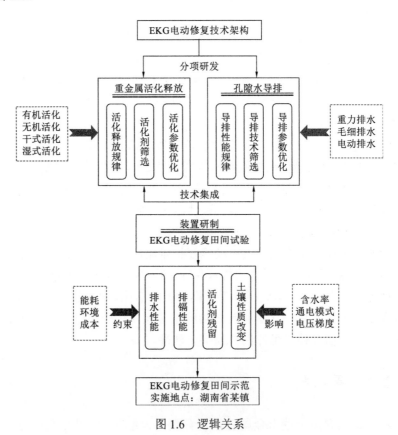

图 1.6  逻辑关系

# 第 2 章

# 农田土壤重金属活化释放特征及影响因素

重金属污染农田土壤修复主要采用两种策略：一是将重金属从土壤中去除；二是改变重金属在土壤中的存在形态，从而降低其活性和在环境中的迁移性（马铁铮 等，2013）。土壤淋洗修复具有成本低、工期短、工艺简单、效果显著等优点（Abumaizar et al.，1999；Van Benschoten et al.，1997），已被欧美等发达国家应用于场地修复工程。淋洗活化的修复机理为，利用活化液或化学助剂与土壤污染物结合，并通过活化液的解吸、溶解、螯合或固定等化学作用，达到分离或固定土壤污染物的目的（Mulligan et al.，2001；Reed et al.，1996）。

活化释放是排水分离土壤重金属的基本前提和关键环节。基于农田土壤重金属污染的特点与修复要求，本章将设计三组实验，分别为活化剂筛选实验、活化释放模拟实验及田间活化调试实验，通过这三组实验优选活化剂，获得其活化性能与影响因素，提出重金属活化释放的田间示范应用参数。

# 2.1　实　验　设　计

选择典型 Cd 等重金属污染农田土壤为对象，设计活化剂筛选实验，探讨固液比、活化时间等因素对 Cd 活化释放的影响，探讨 Cd 的活化释放机理及影响因素，以期为 Cd 污染农田土壤修复提供技术参考。

## 2.1.1　活化剂筛选实验

不同活化剂具有不同的化学性质，无机活化剂会引起土壤 pH 的改变及土壤肥力的下降，并且不易再生利用；人工螯合剂和人工合成表面活性剂价格昂贵，生物降解性差，容易造成二次污染；天然有机酸和生物表面活性剂易被生物降解，但生物表面活性剂产量低。目前，还没有一种活化剂能同时对所有重金属有较好的去除效果。

在诸多重金属中，Cb、Pb、Cu、Zn 4 种重金属的活化释放研究最多，尤其是 Cb 和 Pb。研究表明：同一种活化剂对不同土壤中重金属的活化去除效果不同，这种差异主要由土壤性质、污染状态和重金属在土壤中存在的形态等引起。淋洗活化修复适用于各种重金属污染类型的土壤，各种活化剂对土壤重金属均具有较好的去除效果。采用无机酸、碱溶液作为活化剂，易引起土壤结构破坏、pH 变化、肥力下降；人工螯合剂和表面活性剂则因难生物降解、使用成本过高等原因，难以普遍应用（孙涛 等，2015a；陈春

乐 等,2013;易龙生 等,2012;李玉双 等,2011;陈海凤 等,2009;曾敏 等,2006;Peters,1999)。而中性盐因其化学性质较温和,价格偏低,对土壤的破坏性小,是较理想也是应用最多的活化剂。低分子量有机酸是根系分泌物中重要的组成部分,属于天然螯合剂,虽其络合能力弱,但易降解,使用安全(史志鹏,2012),主要包括乙酸、草酸、苹果酸和柠檬酸等,也是目前研究较多的对象。

活化剂筛选尝试利用中性盐与低分子有机酸活化修复 Cd 轻度污染的农田土壤,具体实验设计如下。

## 1. 供试土壤

以湖南省某镇重金属污染水稻试验田土壤为供试土壤,尝试利用中性盐与低分子有机酸为活化剂,开展 Cd 轻度污染的农田土壤活化修复研究。采用 5 点混合采样法采集原状土(刘培亚,2015),采样深度为 0~20 cm,将各点采集的土样混合均匀后,经自然风干、研磨、过 4 mm 筛,备用。用于测定土壤理化性质的样品经研磨后过 100 目筛(可欣,2009),供试土壤理化性质如表 2.1 所示,从表 2.1 可以看出,供试土壤为酸性土壤,土壤 Cd 质量分数为 1.04 mg/kg,超出了《土壤环境质量 农用地土壤污染风险管控标准(试行)》(GB 15618—2018)中农田土壤二级标准的 Cd 限值 0.3 mg/kg,但其他重金属含量未超标,为 Cd 轻度污染的农田土壤。活化实验所用乙酸、柠檬酸、$CaCl_2$、$FeCl_3$ 均为分析纯试剂,实验用水为电阻率＞18.2 MΩ·cm 的超纯水。

表 2.1　供试土壤基本理化性质

| 项目 | 值 | 土壤环境质量标准值(二级) |
|---|---|---|
| Cd 质量分数/(mg/kg) | 1.04 | 0.3 |
| Pb 质量分数/(mg/kg) | 63.98 | 250.0 |
| As 质量分数/(mg/kg) | 24.88 | 30.0 |
| Cr 质量分数/(mg/kg) | 37.85 | 250.0 |
| Cu 质量分数/(mg/kg) | 22.42 | 50.0 |
| Ni 质量分数/(mg/kg) | 19.64 | 40.0 |
| pH | 5.20 | <6.5 |
| 氧化还原电位/mV | 310 | — |
| 电导率/(mS·cm) | 2.03 | — |
| 有机质/(g/kg) | 13.40 | — |
| 质地 | 壤土 | — |

## 2. 活化方法

称取 5.00 g 过 2 mm 筛的土壤于 50 mL 离心管中，按 1:5 的固液比，分别加入配制好的活化溶液（乙酸、柠檬酸、$CaCl_2$、$FeCl_3$）25 mL，均设置 6 个浓度梯度（0.00 mol/L、0.02 mol/L、0.05 mol/L、0.10 mol/L、0.50 mol/L、1.00 mol/L）。将其置于恒温摇床上，在 25℃、200 r/min 条件下活化 24 h。然后以 6 000 r/min 离心 10 min，上清液用 0.45 μm 的微孔滤膜过滤，上机检测滤液中 Cd 质量分数。每个处理 3 次重复。

## 3. 活化条件

固液比：称取 2.00 g 过 2 mm 筛的土壤于 50 mL 离心管中，按 1:2.5、1:5、1:10、1:20 的固液比，分别加入 5 mL、10 mL、20 mL、40 mL 活化剂（活化剂浓度分别为：1.00 mol/L 的乙酸、0.10 mol/L 的柠檬酸、0.05 mol/L 的 $CaCl_2$ 和 0.05 mol/L 的 $FeCl_3$）。其他步骤与活化方法步骤相同。

活化时间：称取 5.00 g 过 2 mm 筛的土壤于 50 mL 离心管中，分别加入 25 mL 优选的活化剂。在 25℃、200 r/min 条件下，活化时间设置为 0.5 h、1 h、2 h、4 h、8 h，其他步骤与活化方法步骤相同。

活化 pH：用 0.1 mol/L 的 $HNO_3$ 和 1 mol/L 的 NaOH 溶液分别调节活化 pH 为 2.5、3.0、4.0、5.0，称取 5.00 g 过 2 mm 筛的土壤于 50 mL 离心管中，分别加入已调好 pH 的活化剂溶液 25 mL。其他步骤与活化方法步骤相同。

## 4. 测定项目与方法

### 1）Cd 质量分数测定

土壤 Cd 的总质量分数的测定：采用 $HNO_3$-HF-$H_2O_2$ 微波消解，微波等离子体发射光谱仪法（Agilent MP4200，MP-AES）测定 [《土壤质量　铅、镉的测定　石墨炉原子吸收分光光度法》（GB/T 17141—1997）；《水质 65 种元素的测定　电感耦合等离子体质谱法》（HJ 700—2014）]。

活化液中的 Cd 直接上机测定（HJ 700—2014）。分析过程中加入国家标准土壤样品（GSS—13/GSS—14）进行质量控制，采用国家标准物质中心提供的 Cd 标准储备液（100 mg/L）配制标准系列溶液。

### 2）土壤理化指标测定

土壤 pH、有机质、土壤颗粒组成等指标依据《土壤农业化学分析方法》（鲁如坤，1999）测定。

3）数据处理

实验数据采用 Excel 2010 进行分析处理，采用 Origin 9.0 进行绘图。实验结果以三个重复的平均值±标准差（standard deviation，SD）表示。

## 2.1.2　活化释放模拟实验

活化剂筛选实验中简要概述了土壤重金属活化机理。活化剂能与土壤重金属进行化学反应，将土壤重金属从固相转移到液相，以达到分离去除的目的，但活化过程中，活化剂具体与哪种形态重金属发生反应，尚不可知。因此，有必要开展活化释放模拟实验，分析活化前后土壤重金属的形态变化，进一步揭示土壤重金属的活化机理。

### 1. 供试土壤

以湖南省某镇的重金属污染水稻试验田土壤为供试土壤，采用 5 点混合采样法采集原状土（刘培亚，2015），采样深度为 0～20 cm，将各点采集的土样混合均匀后，经自然风干后备用，土壤性质见表 2.2。

表 2.2　调试区土壤参数

| 参数 | 数值 | 参数 | 数值 |
| --- | --- | --- | --- |
| 活化面积/$dm^2$ | 216 | 土壤质量/kg | 561.6 |
| 深度/dm | 2 | 饱和含水率/% | 40 |
| 土方量/$dm^3$ | 432 | 渗流流速/[L/（h·$m^2$）] | 2.64 |
| 土壤容重/（kg/$dm^3$） | 1.3 | | |

### 2. 实验装置

实验装置为 10 cm×10 cm×10 cm 的有机玻璃盒（图 2.1），侧面 6.5 cm 处开有小孔（用以排放活化液），土壤装填密度约为 1.34 g/$cm^3$，土壤装填高度约为 6 cm。

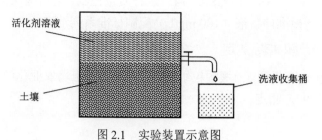

图 2.1　实验装置示意图

### 3. 实验步骤

土壤装填：共两组，分为 A 组与 B 组（用于研究活化时间的影响），共 10 个装置，装置尺寸为 10 cm×10 cm×10 cm。分别称取 624 g 原状土壤加入每个装置，土壤装填密度约为 1.34 g/cm³。

活化释放：土壤填装好后，每个装置分别加入 550 mL 的 0.05 mol/L FeCl₃ 活化剂，搅拌 3 次，活化 2 d。

排水静置：活化结束后，排出 A 组上覆水，排水过程尽量不扰动土层。然后与 B 组一起开始静置计时，活化时间分别为：0 d、1 d、2 d、4 d、8 d、12 d。考察不同活化时间（0 d、1 d、2 d、4 d、8 d、12 d）下，土壤 Cb/Pb 的形态变化。

### 4. 取样与方法

1）取样

土样：取活化前后的土样（梅花布点，采柱状土样）。取 5 个点，每个点约 4 g，总共 20 g。分析土壤总 Cd、土壤 pH 等指标。

水样：用塑料瓶取上覆水（活化液），分析其中 Cd 质量分数。

2）分析方法

（1）土样：土壤 Cd 的总质量分数测定方法与 Cd 总质量分数测定方法相同。

土壤有效态 Cd 质量分数：详见国家标准《土壤质量　有效态铅和镉的测定　原子吸收法》（GB/T 23739—2009）。

土壤 pH：取样测定时，土壤风干后，磨碎过 2 mm 孔筛，按水土比 2.5:1，搅拌均匀后静置 30 min，用 pH 计（型号：PB–10）测定，详见农业行业标准《土壤 pH 的测定》（NY/T 1377—2007）。

Cd 的形态质量分数的测定：过 100 目筛后的土样按 Tessier 形态提取方案进行形态提取，各形态提取液用 0.22 μm 滤膜过滤，用 MP–AES 测定提取液中的重金属质量分数。参见环境保护标准《水质 65 种元素的测定　电感耦合等离子体质谱法》（HJ 700—2014）。

无定形 Fe 测定：过 100 目筛后的土样用草酸–草酸铵（迟光宇　等，2008；鲁如坤，1999）进行提取，提取液用 0.22 μm 滤膜过滤，Fe 用 MP–AES 测定。

（2）水样：①水样中重金属 Cd/Fe 总质量分数：水样过滤后直接用电感耦合等离子体质谱（Inductively coupled plasma mass spectrometry，ICP-MS）仪测定，详见环境保护标准《水质 65 种元素的测定　电感耦合等离子体质谱法》（HJ 700—2014）。②水样 pH：用 pH 计直接测定。

## 5. 重金属形态分析方法

重金属形态分析参考欧盟 Tessier 修正法顺序提取方案。

（1）水溶态。称取土壤样品 2.000 g 于 50 mL 聚乙烯离心管中，准确加入 20 mL 蒸馏水（煮沸，冷却，用稀 HCl 和稀 NaOH 调 pH 为 7）摇匀，盖上盖子，摇匀。以温度（$25\pm2$）℃下振速为 200 次/min 的振荡器上振荡 2 h。取下以离心速度 7 000 r/min 离心 20 min。将上清液用 0.45 μm 的滤膜过滤，待测。向残渣中加入约 40 mL 蒸馏水后（搅棒搅匀）以离心速度 7 000 r/min 下离心 10 min，弃去水相，留下残渣，再重复清洗一次。

（2）离子交换态。向（1）中残渣中准确加入 20 mL $MgCl_2$ 溶液，摇匀，盖上盖子。于（$25\pm2$）℃下振速为 200 次/min 的振荡器上振荡 2 h。取下，以离心速度 7 000 r/min 离心 20 min。将上清液用 0.45 μm 滤膜过滤，待测。向残渣中加入约 40 mL 蒸馏水后（搅棒搅匀，下同）于离心速度 7 000 r/min 离心 10 min，弃去水相，留下残渣，再重复清洗一次。

（3）碳酸盐结合态。向（2）中残渣中准确加入 20 mL 醋酸钠溶液，摇匀，盖上盖子。于（$25\pm2$）℃下振速为 200 次/min 的振荡器上振荡 5 h。取下，以离心速度 7 000 r/min 离心 20 min。将上清液用 0.45 μm 滤膜过滤，待测。向残渣中加入约 40 mL 蒸馏水后（搅棒搅匀）以离心速度 7 000 r/min 离心 10 min，弃去水相，留下残渣，再重复清洗一次。

（4）腐殖酸结合态。向（3）中残渣中准确加入 40 mL 焦磷酸钠溶液，摇匀，盖上盖子。于（$25\pm2$）℃下振速为 200 次/min 的振荡器上振荡 3 h。取下，以离心速度 7 000 r/min 离心 20 min。将上清液用 0.45 μm 滤膜过滤，待测。向残渣中加入约 40 mL 蒸馏水后（搅棒搅匀）以离心速度 7 000 r/min 离心 10 min，弃去水相，留下残渣，再重复清洗一次。

（5）铁锰氧化态。向（4）中残渣中准确加入 40 mL 盐酸羟胺溶液，摇匀，盖上盖子，于（$25\pm2$）℃下振速为 200 次/min 的振荡器上振荡 6 h。取下，以离心速度 7 000 r/min 离心 20 min。将上清液用 0.45 μm 滤膜过滤，待测。向残渣中加入约 40 mL 蒸馏水后（搅棒搅匀）以离心速度 7 000 r/min 离心 10 min，弃去水相，留下残渣，再重复清洗一次。

（6）强有机结合态。向（5）中残渣中加入约 2.4 mL 0.02 mol/L $HNO_3$、4 mL $H_2O_2$，摇匀。于（$83\pm3$）℃的恒温水浴锅中保温 1.5 h（期间每隔 10 min 搅动一次）。取下，补加 2.4 mL $H_2O_2$，继续在水浴锅中保温 70 min（期间每隔 10 min 搅动一次）。取出冷却至室温后，加入醋酸铵－硝酸溶液 2 mL，并将样品稀释至约 20 ml，摇匀，于室温静置 10 h 后，以离心速度 7 000 r/min 离心 20 min。将上清液用 0.45 μm 滤膜过滤，待测。向残渣中加入约 40 mL

蒸馏水后（搅棒搅匀）以离心速度 7 000 r/min 离心 10 min，弃去水相，留下残渣，再重复清洗一次。

（7）残渣态（微波消解法）。准确称取通过 0.149 mm 土壤筛的风干试样 0.1 g（精确至 0.000 1 g）置于聚四氟乙烯的消解罐中，用 1～2 滴高纯水润湿样品，然后依次加入 6 mL 硝酸、2 mL 氢氟酸，静置后，拧紧消解罐盖子。将消解罐放入微波消解仪中，升温程序如下：温度 15 min 从室温升至 190℃，功率为 1 600 W，保持 30 min。一次消解后，发现消解不完全，再按照上述步骤再进行消解一次。将消解好的消解液放入赶酸器中进行加热，温度设定为 130℃，将消解液蒸干。蒸干后用 1%硝酸润湿，再用 1%硝酸转移至 50 mL 容量瓶，然后冷却定容至刻度线。混匀消解液，取 25 mL 转移至 50 mL 塑料离心管内。以转速 3 500 r/min 离心 10 min，取上清液通过 0.22 μm 滤膜，滤液供 ICP–MS 仪测试。

## 2.1.3　田间活化参数优化调试实验

活化剂筛选实验利用过筛土样优选了活化剂，活化模拟实验利用原状土研究了活化过程中重金属的形态变化规律，这两组实验为活化修复提供了重要参考。但活化剂筛选实验与活化模拟实验均为室内实验，土样用量少，土壤结构与现场差异较大。因此，有必要利用优选的活化剂，结合农田土壤修复实际，开展田间活化调试实验，优化活化参数，获得可实践的活化技术参数，为后续排水分离土壤重金属提供支持。

### 1. 供试土壤

调试活化实验地点位于湖南省某镇荣合桥试验基地，土壤为花岗岩发育的麻砂泥水稻土，土壤 pH 为 5.20，速效氮质量分数为 228 mg/kg，速效磷质量分数为 57.1 mg/kg。土壤 Cd 的总质量分数为 0.96 mg/kg，土壤有效态 Cd 质量分数为 0.34 mg/kg，属于轻度 Cd 污染农田土壤。

### 2. 实验场地

田间活化调试场地共 5 m²，将田中杂草和农作物根部等除净，将活化场地使用木板平均分为 5 块（用塑料薄膜覆盖田埂隔开）。然后，用金属支架和遮阳布预制大棚，罩住调试场地，防止淋雨。每块活化调试田块均设有 PVC 排水管 1 个和上覆水（活化液）收集桶 1 个。每块试验田的场地布置、所用的设备装置和技术都相同。

### 3. 实验步骤

选取调试区,择取面积为 1 m×1 m 的场地若干块进行活化调试,调试区土壤参数如表 2.2 所示。

**表 2.2　调试区土壤参数**

| 活化面积 /dm² | 深度/dm | 土方量 /dm³ | 土壤容重 /（kg/dm³） | 土壤质量/kg | 饱和含水率 /% | 渗流流速 /（L/h·m²） |
|---|---|---|---|---|---|---|
| 216 | 2 | 432 | 1.3 | 561.6 | 40 | 2.64 |

具体操作步骤如下。

（1）活化剂的浓度筛选:根据活化剂筛选与活化释放模拟实验结果,选取浓度为 0.01 mol/L、0.02 mol/L、0.03 mol/L、0.05 mol/L、0.08 mol/L FeCl$_3$ 或辅以适量 CaCl$_2$ 开展土壤活化田间调试研究。具体配比分组如表 2.3 所示。

**表 2.3　活化剂浓度筛选配比分组**

| 配比分组 | FeCl$_3$ 浓度 /（mol/L） | CaCl$_2$ 浓度 /（mol/L） | 配比分组 | FeCl$_3$ 浓度 /（mol/L） | CaCl$_2$ 浓度 /（mol/L） |
|---|---|---|---|---|---|
| a | 0.010 | 0.000 | d | 0.030 | 0.030 |
| b | 0.020 | 0.000 | e | 0.050 | 0.000 |
| c | 0.030 | 0.015 | f | 0.080 | 0.000 |

（2）活化剂的复配:根据前期实验结果,优选活化剂浓度,固液比为 1∶2。经现场取样测定,现场土壤含水量约为 30%。药剂体积投加量为 47.5 L/m²。

择取面积为 1 m×1 m 的场地若干块进行活化调试实验,具体添加配制分组如表 2.4 所示。

**表 2.4　添加配制分组**

| 单元区 | 理论添加量 | | 实际添加量 | | 预计 Cl 残留浓度 /（mg/kg） |
|---|---|---|---|---|---|
| | FeCl$_3$ 浓度 /（mol/L） | CaCl$_2$ 浓度 /（mol/L） | FeCl$_3$ 浓度 /（g/L） | CaCl$_2$ 浓度 /（g/L） | |
| A | 0.030 | 0.000 | 21.5 | 0.0 | 840 |
| B | 0.030 | 0.015 | 21.5 | 4.4 | 1 120 |
| C | 0.030 | 0.030 | 21.5 | 8.8 | 1 400 |
| D | 0.030 | 0.045 | 21.5 | 13.2 | 1 680 |
| E | 0.020 | 0.040 | 14.3 | 11.8 | 1 310 |

（3）活化：将复配活化剂通过带有流量计的水泵通过 PVC 管泵入到调试田块，搅拌均匀，活化 1～2 d。期间白天搅拌 1 次。每次搅拌前先进行采样。

（4）排上覆水：活化 1～2 d 后排尽上覆水，上覆水经 PVC 排水管进入收集桶。

#### 4. 取样与分析方法

1）取样

（1）土样：取活化前后调试田块的土样（S 型布点采柱状土样），取 10 个点，每个点约 300 g，总共 3 kg（无活化的对照组同时取样）。分析土壤理化性质参数（Cd 等重金属的质量分数和有效态质量分数，土壤 pH，含水率，有机质含量等）。其中含水率的测定，从所取的 3 kg 土壤中用九格法取约 300 g 装入已知准确质量的铝盒内，盖紧，并尽早测定含水率。

（2）水样：排尽上覆水后，用 250 mL 塑料瓶取收集桶中的水样，测定 pH，分析 Fe、Cd、Cl$^-$ 等元素质量分数。

2）分析方法

（1）土样：土壤中 Cd 的总质量分数、Cd 有效态质量分数及土壤 pH 的测定方法见 2.1.2 小节的分析方法。

（2）水样：水样中重金属 Cd、Fe 的质量分数及 pH 的测定方法见 2.1.2 小节的分析方法。

水样 Cl$^-$ 总量：水样过滤后直接用离子色谱测定，详见环境保护标准《水质 无机阴离子的测定 离子色谱法》（HJ 799—2016）。

# 2.2 活化药剂筛选

## 2.2.1 土壤 Cd 活化效果

土壤活化修复的关键在于寻找一种经济实用的活化剂，既能有效地去除各种形态的污染物，又不会破坏土壤基本理化性质和造成二次污染（吕青松 等，2010）。

图 2.2 为土壤 Cd 活化率与活化剂浓度的关系，从图 2.2 可以看出，FeCl$_3$ 的活化效果最佳，Makino 等（2006）对多种活化剂的实验研究得出了类似结论，当 FeCl$_3$ 浓度为 0.05 mol/L 时，土壤 Cd 活化效率可达 90%以上，其他三种活化剂的活化效果较差，Cd 活化效率仅为 20%～30%（易龙生 等，2014；罗冰 等，2013；Moon et al.，2012）。

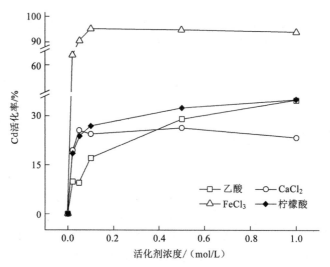

图 2.2　土壤 Cd 活化率与活化剂浓度的关系

固液比为 1:5，活化时间为 12 h

对照组（超纯水）活化液（0 mol/L）中 Cd 未检出，说明供试土壤中水溶态 Cd 含量很低。四种活化剂对 Cd 都有一定的活化效果，主要是因为 $FeCl_3$、$CaCl_2$、乙酸、柠檬酸都能提供阳离子，能与土壤中阳离子发生离子交换，使得 $Cd^{2+}$ 活化到溶液中。而 $Cd^{2+}$ 又会与活化液中的阴离子基团发生螯合反应，生成稳定的螯合物，使其不宜再被土壤或植物吸附。四种活化剂的螯合反应方程式为

$$x\mathrm{Cd}^{2+} + y\mathrm{M}^{n-} \rightleftharpoons \mathrm{Cd}_x\mathrm{M}_y^{2x-ny} \tag{2.1}$$

式中：M 为阴离子基团；$x$、$y$ 为阴、阳离子基团个数；$n$ 为阴离子基团带电数（$n=1,2,3$）；$x$、$y$、$n$ 皆为大于或等于 1 的整数。

低分子有机酸仅能提供 $H^+$，而 $H^+$ 置换土壤中 $Cd^{2+}$ 的能力较弱，使得溶液中的有机阴离子基团能结合的 $Cd^{2+}$ 较少，活化效率较低；而 $CaCl_2$、$FeCl_3$ 能提供金属离子 $Ca^{2+}$ 和 $Fe^{3+}$，且置换土壤中 $Cd^{2+}$ 能力强，因此活化效率较好。但相比而言，$FeCl_3$ 的活化效果更佳，这是因为活化剂 $FeCl_3$ 不仅能提供 $Fe^{3+}$，$Fe^{3+}$ 还可以水解出更多的 $H^+$，以维持低 pH 的反应环境，进而溶解出更多的碳酸盐结合态 $Cd^{2+}$，$Cd^{2+}$ 又能与溶液中的 $Cl^-$ 形成稳定螯合物（Yang et al.，2012；Makino et al.，2008；Makino et al.，2006；Tokunaga et al.，2002）。$FeCl_3$ 活化反应过程可能的反应方程式如式（2.2）～式（2.7）所示。

$$FeCl_3 \rightleftharpoons Fe^{3+} + 3Cl^- \tag{2.2}$$

$$Fe^{3+} + 3H_2O \rightleftharpoons Fe(OH)_3 + 3H^+ \tag{2.3}$$

$$Cd^{2+} + Cl^- \rightleftharpoons CdCl^+ \tag{2.4}$$

$$Cd^{2+} + 2Cl^- \rightleftharpoons CdCl_2^0 \tag{2.5}$$

$$Cd^{2+} + 3Cl^- \rightleftharpoons CdCl_3^- \tag{2.6}$$

$$Cd^{2+} + 4Cl^- \rightleftharpoons CdCl_4^{2-} \tag{2.7}$$

活化反应过程中存在上述反应方程式，但由于各种因素的影响，实际发生的化学反应过程按方程式（2.4）～式（2.7）依次进行，但化学反应的进行会越来越困难。

由图 2.2 可知，活化效果随着活化剂浓度的增加而增强，但达到一定程度后，活化效率增速减缓甚至不再增加，此时的活化剂浓度为最优活化浓度。图 2.2 中，$FeCl_3$ 的最优活化浓度为 0.05 mol/L，$CaCl_2$ 的最优活化浓度为 0.05 mol/L，柠檬酸的最优活化浓度为 0.10 mol/L，而在所选实验浓度中，乙酸的活化效果随浓度的增加一直增加，故选择最大的实验浓度作为乙酸的最优活化浓度，即 1.00 mol/L。因此，本节后续活化实验中的活化剂浓度分别为 1.00 mol/L 乙酸、0.10 mol/L 柠檬酸、0.05 mol/L $CaCl_2$ 和 0.05 mol/L $FeCl_3$。

## 2.2.2　活化影响因素

### 1. 固液比

探究不同固液比（1:2.5、1:5、1:10、1:20）下，四种活化剂对土壤中 Cd 的活化效果，实验结果见图 2.3。由图 2.3 可知，0.05 mol/L $FeCl_3$ 的活化效果最优，且活化效果随固液比的增大而增加。对比其他三种活化剂，1 mol/L 乙酸的活化效果较好，且在固液比为 1:5 时，基本可以达到最佳活化效果，继续增大液体体积对活化效果的提升并不显著，对于 0.05 mol/L $CaCl_2$、

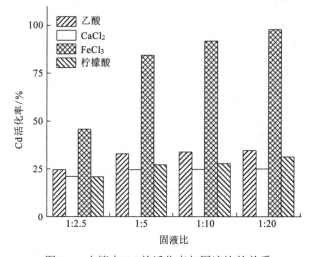

图 2.3　土壤中 Cd 的活化率与固液比的关系

活化剂浓度为 1.00 mol/L 乙酸、0.10 mol/L 柠檬酸、0.05 mol/L $CaCl_2$ 和 0.05 mol/L $FeCl_3$，活化时间为 4 h

0.10 mol/L 柠檬酸而言,活化效果也类似,因此,供试土壤活化时的固液比选为 1:5 较为合适。

### 2. 活化时间

活化时间是活化过程中影响活化效率的一个重要因素,活化剂和土壤重金属的交互传质与活化时间紧密相关(罗希 等,2017),不同的活化时间意味着活化剂与土壤相互作用和接触的时间不同。选用最优活化浓度下的四种活化剂,开展了不同活化时间下土壤 Cd 活化效果的研究,结果见图 2.4。可见,0.05 mol/L FeCl$_3$ 达到反应平衡所需的时间最短,仅需 1 h,其反应过程可以分为两个阶段:前 1 h 内为快速反应阶段,1 h 时 Cd 的活化释放效率可达 82.5%,1 h 后反应达到平衡,平衡时的活化效率维持在 82% 左右;0.05 mol/L CaCl$_2$ 的反应平衡时间为 2 h;而 1.00 mol/L 乙酸和 0.10 mol/L 柠檬酸的反应平衡时间均为 4 h;平衡后,各活化剂的活化效果变化不大,孙涛等(2015b)针对活化时间做了较详细的研究,结果表明,震荡活化时间为 4 h 时,活化剂的活化效果最佳。因此,为保证反应充分,后续实验的活化时间为 4 h。

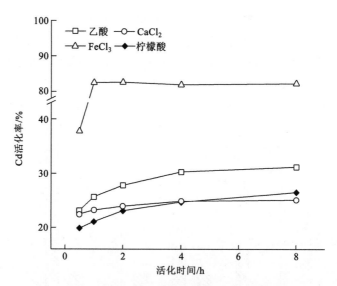

图 2.4 土壤中 Cd 活化率与活化时间的关系

活化剂浓度为 1.00 mol/L 乙酸、0.10 mol/L 柠檬酸、0.05 mol/L CaCl$_2$ 和 0.05 mol/L FeCl$_3$,固液比为 1:5

### 3. pH

活化剂的 pH 是另一个影响去除率的重要因素(严世红,2014),pH 影响活化剂中重金属的存在形态、活化剂的溶解能力以及对土壤重金属吸持和结合能力,一般而言,活化剂的 pH 越低,浸出能力越强(李玉姣 等,2014),但土壤 pH 过低或过高都会影响作物生长(杨忠芳 等,2005)。$FeCl_3$ 溶液的 pH 为酸性且较低,调节 pH 时,$FeCl_3$ 极易发生团聚沉淀,特别当 pH>3 时,活化剂 $FeCl_3$ 的活化效果显著降低(图 2.5),这是因为活化剂中的主要作用离子 $Fe^{3+}$ 和 $H^+$ 被 $OH^-$ 中和,溶液中的有效 $Fe^{3+}$ 含量显著减少,致使活化效果大大降低。

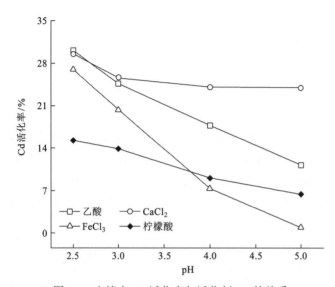

图 2.5　土壤中 Cd 活化率与活化剂 pH 的关系

活化剂浓度为 1.00 mol/L 乙酸、0.10 mol/L 柠檬酸、0.05 mol/L $CaCl_2$ 和 0.05 mol/L $FeCl_3$,固液比为 1∶5

图 2.5 可以看出,低 pH 有利于土壤中 Cd 的脱除,随 pH 的升高,土壤的活化效果逐渐降低。这可能是因为 pH 升高,不利于土壤中的碳酸盐结合态 Cd 的溶出,且溶液中的 $H^+$ 浓度降低,也意味着与土壤中 $Cd^{2+}$ 置换的离子量减少。乙酸、柠檬酸活化效果随 pH 变化显著,这与王叶(2014)的试验研究结果相似。

对于 0.05 mol/L $CaCl_2$ 而言,其本身的 pH 呈弱酸性,pH 为 5~6;而降低其 pH,有利于土壤中的碳酸盐结合态 Cd 的溶出,使得其活化脱除效果得到提升,随 pH 的升高,逐渐接近其原始溶液 pH,其活化效果变化不大。

## 2.2.3　活化剂的成本

表 2.5 为四种活化剂的成本对比。从表 2.5 中可以看出,除 $CaCl_2$ 外,其他三种活化剂的价格相差不大。从活化剂活化土壤中 Cd 的效果来看,$FeCl_3$ 的活化脱除效果最佳,$CaCl_2$ 的活化脱除效果次之,柠檬酸和乙酸的活

化脱除效果较差（Makino et al., 2006），且从嗅觉上来说，柠檬酸和乙酸都具有强烈的酸味，大量使用时可能造成一定环境社会影响。通过对比，选择 $FeCl_3$ 或 $CaCl_2$ 作为农田重金属的活化剂更为合适。

表 2.5  活化剂成本对比

| 活化剂 | 价格/（元/kg） | 活化剂 | 价格/（元/kg） |
| --- | --- | --- | --- |
| $FeCl_3$ | 3.3 | 柠檬酸 | 3.1 |
| $CaCl_2$ | 1.0 | 乙酸 | 3.5 |

# 2.3  活化性能与机理

研究发现，土壤中重金属的生物活性与环境效应不仅与其总量有关，更取决于其化学形态（Harma et al., 2008; Sastere et al., 2004; Pueyo et al., 2004; Impellitterl et al., 2003; Ma et al., 1997）。重金属形态不同，造成不同的活性和生态毒性，直接影响到重金属迁移和在自然界的循环（Ankaite et al., 2005）。重金属在土壤中的形态质量分数及其比例是决定其对环境及周围生态系统造成影响的关键因素（王学锋 等，2004）。重金属形态的研究能揭示重金属在土壤中的存在状态、迁移转化规律、生物有效性、毒性和环境效应等，从而预测重金属的变化趋势和环境风险（韩春梅 等，2005）。

不同形态的重金属在不同土壤环境下的活性不同，重金属在土壤中存在的形态与土壤性质密切相关。本节利用 $FeCl_3$ 作为土壤重金属活化剂，分析活化后的土壤重金属（Cd/Pb）形态特征，探讨活化前后土壤重金属（Cd/Pb）各形态变化，进一步揭示活化剂 $FeCl_3$ 的活化机理。

## 2.3.1  Cd 和 Pb 的活化释放性能

活化液中重金属质量浓度的分析结果如图 2.6 所示。图 2.6 中，无论排水组还是淹水组，活化液中 Cd 的质量浓度随活化时间（1～12 d）延长的变化不大，Pb 的质量浓度变化较明显。

活化液中 Cd 的浓度为 0.63 mg/L，加入活化剂的体积为 550 mL，Cd 的理论活化率约为 53%；实际排出的上覆水体积为 163 mL，活化液中 Cd 的质量为 102.7 μg，仅占土壤 Cd 总质量的 15.8%（占 Cd 总活化量的 29.6%，还有 70.4% 已活化的 Cd 未排出）。由此表明，土壤大量活化的 Cd 存在孔隙水中（李丹丹 等，2013）。

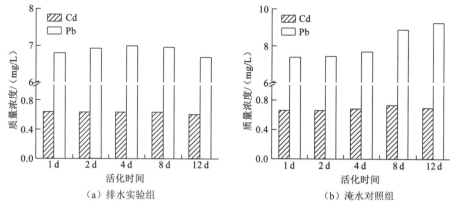

图 2.6　不同活化时间下活化剂中 Cd 和 Pb 的质量浓度

## 2.3.2　土壤 Cd 形态变化

### 1. Cd 的形态质量分数

Cd 的形态质量分数分布如图 2.7 所示。由图 2.7 可知，未经处理的土壤原样中，离子交换态 Cd 含量最高，残渣态和强有机结合态含量次之。经过活化后，土壤 Cd 的形态发生了很大变化，无论是排水实验组还是淹水对照组，土壤可移动态 Cd 占总活化量的 70.4%；离子交换态和强有机结合态 Cd 含量明显降低，碳酸盐结合态 Cd 含量有所增加，残渣态 Cd 含量略有减小。总体来看，排水组和淹水组土壤 Cd 的各形态质量分数差异不大，这和钟晓兰等（2009）研究结论类似。

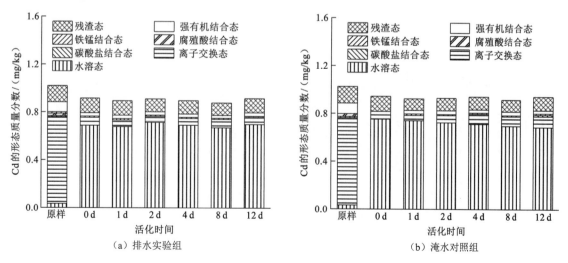

图 2.7　不同活化时间下 Cd 的形态质量分数

FeCl₃ 可有效活化洗脱出土壤中的 Cd，但还有很大一部分水溶态的 Cd 未排出（Tack et al.，2006；Choi et al，2006；Davranche et al，2000）。因此，在实际农田修复过程中，高效排出孔隙水是关键，否则活化脱除的有效态 Cd 将仍残存于土壤中，对粮食安全构成潜在威胁。

### 2. 有效态 Cd 的质量分数

经测定发现，土壤原样中二乙三胺五乙酸（Diethylenetriaminepentaacetic acid，DTPA）提取的有效态 Cd 质量分数约为 0.35 mg/kg。与淹水对照组比较发现，排水实验组中的 DTPA 提取有效态 Cd 含量更高［见图 2.8（a）］，这表明，及时排出上覆水后，土壤中的有效态 Cd 含量更低。通过对比形态分级提取的有效态 Cd 含量（水溶态+离子交换态+碳酸盐结合态），DTPA 提取的有效态 Cd 含量明显低于形态分级提取的有效态 Cd 含量。

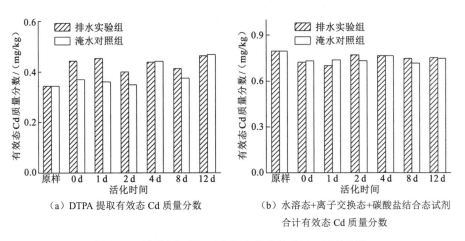

（a）DTPA 提取有效态 Cd 质量分数          （b）水溶态+离子交换态+碳酸盐结合态试剂合计有效态 Cd 质量分数

图 2.8　不同活化时间下土壤中的有效态 Cd 质量分数

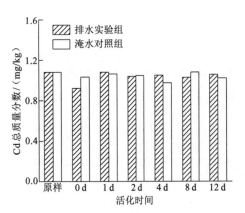

图 2.9　不同活化时间下土壤 Cd 的总质量分数

土壤中 Cd 的总质量分数见图 2.9，排水实验组与淹水对照组的土壤 Cd 的总质量分数无明显差异，马毅杰等（马毅杰，1998；何群，1981）也曾得出相似的结论。对比图 2.7 可知，土壤 Cd 总质量分数与分级提取的各形态 Cd 质量分数叠加的数值差异不大。

## 2.3.3　Pb 的形态变化

### 1. Pb 的形态质量分数

活化后，土壤中的重金属会与活化剂进行阳离子交换,因此活化过程中,其他重金属也会有一定的变化,以 Pb 为例,本节探讨其他重金属的形态变化特征及活化释放性能。

土壤样品中 Pb 的各个形态质量分数分布如图 2.10 所示。由图可知,采用活化剂活化后,土壤 Pb 的形态也发生了改变,主要是水溶态 Pb 含量明显增加,其他形态的 Pb 含量变化不显著。

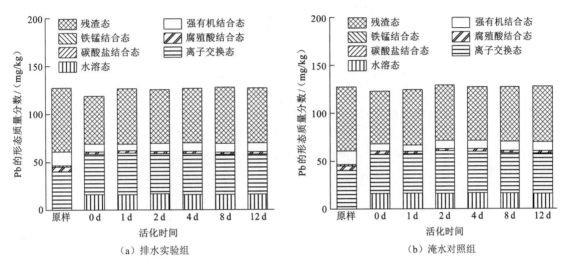

（a）排水实验组　　　　　　　　　　（b）淹水对照组

图 2.10　不同活化时间下土壤中 Pb 的各形态质量分数

## 2. 有效态 Pb 的质量分数

土壤中的有效态 Pb 质量分数及总质量分数变化结果如图 2.11、图 2.12 所示,活化前后,土壤中 Pb 的总量变化较小,有效态 Pb 含量变化较大。对比淹水对照组,排水实验组中有效态 Pb 含量明显高于淹水对照组,且都高

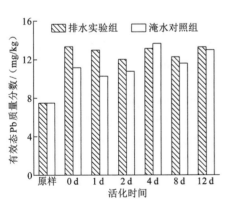

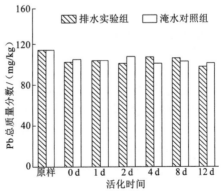

图 2.11　不同活化时间下土壤中的
有效态 Pb 质量分数

图 2.12　不同活化时间下土壤中
Pb 的总质量分数

于原样中的有效态 Pb 含量。这表明,活化剂不仅仅活化了 Cd,还活化了部分 Pb,使得土壤中 Pb 的水溶态含量明显增加。

### 2.3.4 土壤 Fe 残留

土壤中无定形 Fe(主要是指土壤中非晶质氧化铁中的铁)质量分数的结果见图 2.13。由图可知,活化后土壤中无定形 Fe 含量明显增加,这主要是人为添加的活化剂造成。排水实验组和淹水对照组的无定形 Fe 含量变化趋势基本保持一致,随活化时间(0~12 d)的延长,无定形 Fe 含量逐渐降低(孙丽蓉,2007;Jugsujinda et al.,1996;陈家坊 等,1979;Wad,1976),但并不影响土壤中 Cd 的含量及形态。

相比之下,土壤 Fe 总量变化并不大(见图 2.14)。活化结束后,人为添加的 Fe 残留在土壤中,需进行评估,若影响水稻种植,则需进一步处理,以减轻人为添加化学药剂对农田土壤环境的干扰。

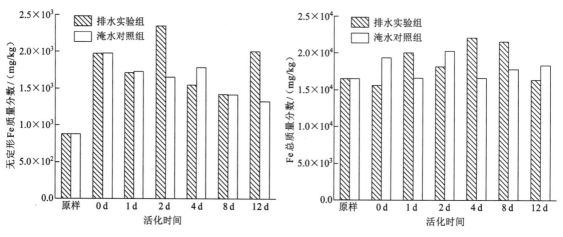

图 2.13 不同活化时间下土壤中无定形 Fe 的
质量分数

图 2.14 不同活化时间下土壤中 Fe 的
总质量分数

通过活化模拟实验结果可知,活化剂 $FeCl_3$ 的低 pH 更容易活化土壤中碳酸盐结合态的重金属;活化剂 $CaCl_2$ 的成本更低,但针对碳酸盐结合态含量较多的土壤重金属,其活化效果不如 $FeCl_3$。在实际工程应用中,应根据农田土壤重金属赋存状态及土壤环境条件,综合考虑施工成本,选择适宜的活化剂。

# 2.4　活化性能影响因素

通过活化剂筛选试验以及活化模拟实验可知，$FeCl_3$ 对 Cd 等重金属污染农田土壤具有较好的活化效果，但农田土壤实际情况与室内振荡或小尺度浸泡实验存在较大差异。故本节通过室外田间调试实验，研究各种因素对重金属（以 Cd 为例）田间活化性能的影响，优选土壤重金属活化工艺参数，以期为实际工程应用提供数据支持。

## 2.4.1　活化剂浓度

前期室内活化实验结果表明，0.05 mol/L $FeCl_3$ 的土壤总 Cd 活化率约 23%，有效态活化率约 32%，但活化后土壤 pH 太低，不利于土壤 pH 恢复。而从活化剂筛选实验可知，$CaCl_2$ 对 Cd 的活化效果仅次于 $FeCl_3$（Makino et al.，2006），且土壤 pH 不会降到很低，成本也比较低廉，故可以将 $FeCl_3$ 与 $CaCl_2$ 进行复配，以铁盐调控 pH，钙盐促进离子交换。

选取浓度为 0.01 mol/L、0.02 mol/L、0.03 mol/L、0.05 mol/L、0.08 mol/L $FeCl_3$ 或辅以适量 $CaCl_2$ 进行土壤活化研究。采集实际土壤于塑料桶中开展活化剂浓度筛选实验，设计 6 组不同浓度和配比的活化剂分组对污染土壤样品进行活化。测得的上覆水 pH 及其土壤活化效率如图 2.15 所示。

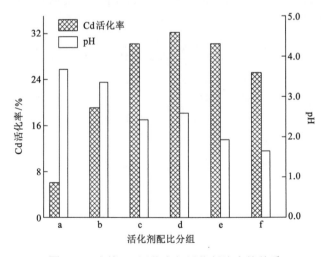

图 2.15　土壤 Cd 活化率与活化剂浓度的关系

各组活化剂配比为 a—0.01 mol/L $FeCl_3$；b—0.02 mol/L $FeCl_3$；c—0.03 mol/L $FeCl_3$+0.015 mol/L $CaCl_2$；
d—0.03 mol/L $FeCl_3$+0.03 mol/L $CaCl_2$；e—0.05 mol/L $FeCl_3$；f—0.08 mol/L $FeCl_3$

经颜色对比，使用 0.03 mol/L 的 $FeCl_3$ 活化后，活化液的颜色与渠塘水基本无差别；而 0.05 mol/L 的 $FeCl_3$ 活化后，溶液颜色较深，可明显观察到铁锈色，从减少活化剂用量，减免活化对土壤环境不利影响考虑，建议使用 0.03 mol/L 的 $FeCl_3$ 作为最优活化剂，活化后土壤 pH 约为 2.0，比较容易利用石灰调节到中性。

由图 2.15，对比 a、b、e、f 四组发现，随着 $FeCl_3$ 的浓度升高，Cd 的活化率先升高后降低，这与莫良玉等（2013）的研究趋势相似。d 组的活化效果最佳，c 组 0.03 mol/L 的 $FeCl_3$ 及其复配活化剂活化效果和 e 组 0.05 mol/L 的 $FeCl_3$ 活化效果相差不大，且均达到减量化 30%，而随着 $FeCl_3$ 浓度的提升并未提高活化效率反而有下降的趋势。这与室内实验用 0.05 mol/L 的 $FeCl_3$ 活化农田土壤取得的趋势相吻合。

综上所述，建议采用 0.03 mol/L 的 $FeCl_3$ 及其与 $CaCl_2$ 复配的活化剂进行田间活化修复。

## 2.4.2 活化参数优选

Makino 等（2006，2007）研究显示，$CaCl_2$ 溶液也能有效提取土壤中的 Cd，且对农作物（水稻、大豆）的生长不产生影响。调试活化实验过程中，利用 0.03 mol/L 的 $FeCl_3$ 及其与 $CaCl_2$ 复配的活化剂对实际土壤进行活化参数再优选。采集水样及土样，对水样中 pH、Fe 和 Cl 的质量浓度进行监测，为后端水处理工艺参数设计提供参考。水样分析结果见表 2.6。土样分析结果见图 2.16。

表 2.6　土壤活化后的出水水质

| 单元 | 活化 1 d | | | 活化 2 d | | |
| --- | --- | --- | --- | --- | --- | --- |
| | pH | $M(Cl)/$（mg/L） | $M(Fe)/$（mg/L） | pH | $M(Cl)/$（mg/L） | $M(Fe)/$（mg/L） |
| A | 1.87 | 5 031 | 1 442 | 1.92 | 4 799 | 1 813 |
| B | 1.78 | 7 399 | 1 920 | 1.86 | 6 860 | 1 808 |
| C | 1.78 | 8 968 | 2 424 | 1.83 | 9 106 | 2 077 |
| D | 1.75 | 11 319 | 2 147 | 1.81 | 10 146 | 1 979 |
| E | 1.95 | 8 548 | 1 170 | 2.07 | 8 318 | 1 324 |

各单元活化剂配比为 A—0.03 mol/L $FeCl_3$；B—0.03 mol/L $FeCl_3$+0.015 mol/L $CaCl_2$；C—0.03 mol/L $FeCl_3$+0.03 mol/L $CaCl_2$；D—0.03 mol/L $FeCl_3$+0.045 mol/L $CaCl_2$；E—0.02 mol/L $FeCl_3$+0.04 mol/L $CaCl_2$

由表 2.6 可知，活化剂活化土壤后的出水 pH 在 1.7～2.0，同时，出水中 Fe、Cl 浓度明显低于实际添加量，说明 Fe 和 Cl 存在一定程度的土壤残留。

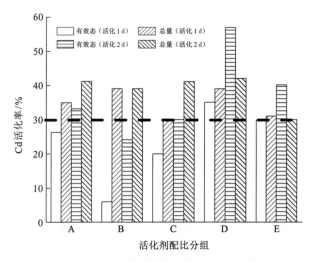

图 2.16　田间活化调试各单元的 Cd 活化率

各单元活化剂配比为 A－0.03 mol/L FeCl₃；B－0.03 mol/L FeCl₃+0.015 mol/L CaCl₂；C－0.03 mol/L FeCl₃+0.03 mol/L CaCl₂；D－0.03 mol/L FeCl₃+0.045 mol/L CaCl₂；E－0.02 mol/L FeCl₃+0.04 mol/L CaCl₂

0.03 mol/L FeCl₃ 活化效果优于 0.02 mol/L FeCl₃，同时，随着 CaCl₂ 添加量的升高，活化液中 Cd 的总量升高，有效态含量也显著升高。土壤 Cd 总量削减方面，所有调试单元均减量 30%，且 C、D 单元的总量削减率达到 40%。

采集不同活化时间的土壤样品进行分析，结果显示，活化 1 d 后就已获得较高活化率，活化 2 d 后，活化率并未明显提高。且从表 2.6 可知，活化 1 d 后，随着 CaCl₂ 质量浓度的增加，出水中 Fe 的质量浓度都先升高后降低，故 C 单元 Fe 的出水含量最高。在总 Cd 活化率达到 30% 的情况下，尽可能使有效态 Cd 的活化程度更高；综合考虑活化效果和药剂成本，建议使用 C 单元的复配活化剂，同时活化 1 d，用于开展重金属污染农田土壤修复实践。

土壤 pH 监测结果表明，原土 pH 为 4.7～5.1，土壤 Cd 质量分数为 0.8～1.2 mg/kg，活化 1 d 后，各活化调试小区土壤 pH 均趋于稳定，整体呈酸性。在酸性条件下，活化剂活化释放土壤重金属的效果较好（Maity et al.，2013），且活化效率大都在 30% 以上。活化 2 d 后，土壤 pH 变化不大，但活化效率无显著提高。因此，建议选用 1 d 为活化时间，以降低时间成本。

综上分析可知：基于田间活化调试实验结果，优化了 FeCl₃ 质量浓度及其与 CaCl₂ 配比、活化时间等技术参数，发现在含水率约 30% 的耕作层土壤中，按 47.5 L/m² 施用量，加入 0.03 mol/L FeCl₃+0.03 mol/L CaCl₂ 复配活化剂，搅拌 1 次，活化 1 d，土壤有效态 Cd 减量约 30%。

# 2.5　小　　结

本章结合重金属污染农田土壤实际情况及修复要求，以湖南省某镇典型重金属污染土壤样品为对象，通过对室内的活化剂筛选实验与活化模拟实验，以及室外的田间活化调试实验，优选活化剂及活化参数，研究活化性能与活化后土壤重金属形态变化机理，优选重金属活化的田间应用参数，主要研究结论如下。

（1）完成了活化剂及其活化条件筛选：在乙酸、柠檬酸、$FeCl_3$ 及 $CaCl_2$ 四种活化剂中，$FeCl_3$ 对农田土壤中 Cd 的活化效果最优，最大活化率可达 90%，最优活化浓度为 0.05 mol/L，固液比为 1:5、活化时间为 4 h；

（2）揭示了 $FeCl_3$ 的活化释放 Cd 的机理：$Fe^{3+}$ 通过离子交换置换土壤中 $Cd^{2+}$，且其水解出的 $H^+$ 可维持低 pH 的反应环境，使得碳酸盐结合态 Cd 有效溶出；$Cl^-$ 与 $Cd^{2+}$ 形成稳定的螯合物，使得活化后的 Cd 稳定存在于液相，不再与土壤颗粒结合；$FeCl_3$ 活化后，Cd 的水溶态、离子交换态及碳酸盐结合态含量变化显著，活化后的有效态 Cd 大多残留在土壤层未能有效排出；

（3）获得了田间活化修复的技术参数：0.03 mol/L $FeCl_3$+0.03 mol/L $CaCl_2$ 复配活化剂，搅拌 1 次，活化 1 d，土壤有效态 Cd 减量约 30%。

农田土壤 Cd 退水强排及技术优化

第 3 章

土壤重金属活化处理的实施周期短、效率高,是一种行之有效的修复手段(Yao et al., 2012; Makino et al., 2006)。第 2 章介绍了农田土壤重金属(以 Cd 为例)活化释放性能,结果显示,活化并排出土壤上覆水后,土壤可移动态 Cd 含量仍占土壤 Cd 总量的 70.4%,可见还有大量土壤 Cd 以游离态残留于土壤孔隙水中。因此,高效排出土壤孔隙水是脱除农田 Cd 的关键。

本章在前述第 2 章确定的土壤活化条件下,先对土壤 Cd 进行活化处理,然后采用沟槽排水、毛细透排水和电动力学排水等强排技术强化土壤水排出,通过分析不同强排技术的排水量、排 Cd 量,考察土壤孔隙水及土壤 Cd 的强排性能,并找出适用于处理低渗透性农田土壤的强排技术及其最优参数,以指导田间示范。

# 3.1　沟槽排水、毛细透排水和电动力学排水的强排性能

## 3.1.1　实验材料与方法

### 1. 供试土壤

供试土壤为湖南省某镇的某农业科学院重金属污染水稻试验田的土壤样品,采样区现场情况如图 3.1 所示。

(a)　　　　　　　　　　　　　　(b)

图 3.1　湖南省某镇农田土采集现场

采用 5 点混合采样法采集原状土(刘培亚,2015),采样深度为 0～20 cm。采集的土壤样品运回实验室后,置于油布上风干,捣碎后过 4 mm 筛的土壤样品用于强化排水实验研究,研磨过 0.149 mm 筛的土壤样品用于测定土壤

Cd 的总质量分数（可欣，2009）。经分析测试，土壤 Cd 的总质量分数为 1.07 mg/kg，土壤 pH 为 5.20，土壤电导率为 2.03 mS/cm，土壤质地类型为壤土，土壤阳离子交换量（cation exchange capacity，CEC）为 7.59 mmol/kg，土壤有机质质量分数为 17.14 g/kg（表 3.1）。

表 3.1　农田土壤的主要理化性质

| Cd 的总质量分数/（mg/kg） | pH | 电导率/（mS/cm） | 质地 | CEC/（mmol/kg） | 有机质质量分数/（g/kg） |
|---|---|---|---|---|---|
| 1.07 | 5.20 | 2.03 | 壤土 | 7.59 | 17.14 |

### 2. 实验装置

沟槽排水是指在土壤中预制一定深度和宽度的沟槽，土壤水分在重力作用下排入沟槽，进而通过沟槽排出土壤。为研究沟槽排水对残留在土壤孔隙水中游离态 Cd 的强排性能，实验设计了如图 3.2 所示沟槽排水装置，在实验箱（规格为：长×宽×高=1 000 mm×1 000 mm×500 mm）底部间隔安装三组 PVC 排水管，每组排水管的间距为 250 mm，并在每组排水管出水口安装 1 个控制阀门，通过控制阀门选择 PVC 排水管排水。PVC 排水管管径为 40 mm，一端开口，另一端通过阀门控制排水。

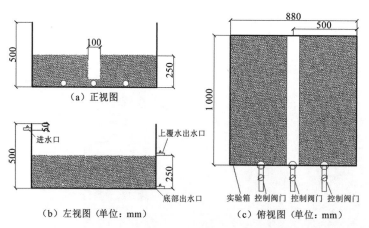

图 3.2　沟槽排水装置

毛细透排水带是我国台湾技术人员开发的一种新型排水材料，其具有主动排水，防止土壤颗粒流失的特点。毛细透排水带是由抗酸碱性能优良的复合塑料制作而成，在其厚度约 2 mm 的软质薄塑胶片上每隔 1.5 mm 开设直径为 1 mm 的导水槽孔，每根导水槽孔外侧沿纵向剖开 0.3 mm 宽的毛细槽沟，形成断面形状为"Ω"形的内大外小的透排水通道。埋设时，"Ω"形透排水通道向下，上覆土层，利用毛细力的作用，使土中的水倒吸入导水槽孔中。由于毛细槽沟的宽度比导水槽孔的直径小，且毛细槽沟向下，水流中的土壤颗粒因重力作用产生自然沉降，而不会随水流进入导水槽孔内，也不会紧贴在毛细槽沟附近而产生淤积。向下的毛细槽沟既能进水，同样也能利用表面张力，使水在沟槽上产生封闭效果不致回漏。当土壤中水进入导水槽孔内部时，毛细作用会对土壤中的水体产生抽吸，直到导水槽孔充满，然后水体在重力作用下流向出口，当水流到达出口，将因落差产生虹吸作用，进一步对土体内部产生负压，大幅增加排水效率（董城，2017）。

基于毛细透排水带良好的排水性能，实验设计了如图 3.3 所示毛细透排水装置，以研究该装置对土壤孔隙水中残留游离态 Cd 的强排性能，毛细透排水装置主要有实验箱和毛细透排水系统组成，在实验箱（规格为：长×宽×高=1 000 mm×1 000 mm×500 mm）底部间隔安装 3 组毛细透排水系统，每组透排水系统的间距为 250 mm，并在每组出水口安装 1 个控制阀门，通过控制阀门选择启闭毛细透排水系统。毛细透排水系统由 PVC 排水管和毛细透排水带组成，PVC 排水管管径为 40 mm，一端使用管堵封闭，另一端为阀门控制排水；毛细透排水带规格为：厚×宽×长=2.0 mm×100 mm×150 mm，一端用胶带封闭，另一端插入 PVC 排水管。

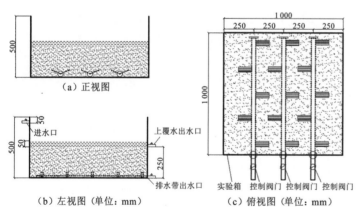

图 3.3　毛细透排水装置

电动力学排水是指土壤孔隙水在电场力作用下沿电极方向迁移，从而达到对土壤孔隙水强排的目的。电动力学排水早期主要用于软土地基处理（庄艳峰，2016），并取得较好的效果，同时解决传统金属电极腐蚀和钝化而降低能效的问题，实验采取了轻便的电动土工布合成材料作为电极材料。

基于此,实验设计了如图 3.4 所示的电动力学排水装置,该装置包括实验箱和 EKG 电极,在实验箱(规格为:长×宽×高=1 000 mm×1 000 mm×500 mm)底部间隔安装 3 组 PVC 排水管,每组排水管的间距为 250 mm,并在每组排水管出水口安装 1 个控制阀门。PVC 排水管管径为 40 mm,一端开口,另一端通过阀门控制排水。图中所示 EKG 电极由导电塑料板和包裹导电塑料板的土工布组成,导电排水板表面有导水凹槽,宽为 10 cm,厚为 5 mm,长度约为 1 m。

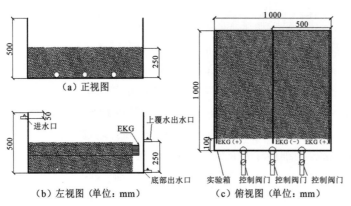

图 3.4　电动力学排水装置

实验前,在图 3.2～图 3.4 所述装置中分层装入 300 kg 含水率约为 19%的农田土壤,压实后土壤层高度约为 250 mm。

### 3. 实验设计

1)沟槽排水

沟槽排水实验主要流程包括土壤 Cd 活化、排上覆水和沟槽排水三个阶段。

土壤 Cd 活化:在图 3.2 所示分层装好土壤的沟槽排水装置中,按 $M_{土壤}$:$M_{活化液}$=2:1 加入 65 L 浓度为 0.05 mol/L FeCl$_3$ 活化液,搅拌均匀后活化 2 d,活化期间搅拌 3 次。

排上覆水:活化 2 d 后,打开上覆水出水口,排尽上覆水,同时取上覆水和土样,备用。分析上覆水和土样中 Cd 的总量。

沟槽排水:关闭上覆水出水口,打开 PVC 排水管控制阀门,进行沟槽排水;待排水口几乎无水流时,结束实验,记录排水时间,量取排水体积 $V_{沟槽排水}$,并取土样和退出水水样,分析土样和水样中 Cd 的总量。

2）毛细透排水

毛细透排水实验主要的流程包括土壤 Cd 活化、排上覆水和毛细透排水三个阶段。

土壤 Cd 活化：在图 3.3 所示分层装好土壤的毛细透排水装置中，按照 $M_{土壤}$:$M_{活化液}$=2:1 加入 65 L 浓度为 0.05 mol/L $FeCl_3$ 活化液，搅拌均匀后活化 2 d，活化期间搅拌 3 次。

排上覆水：活化 2 d 后，打开上覆水出水口，排尽上覆水，同时取上覆水和土样，备用。分析上覆水和土样中 Cd 的总量。

毛细透排水：关闭上覆水出水口，打开毛细透排水装置的控制阀门，土壤孔隙水在毛细力作用下向毛细透排水带汇集并通过 PVC 排水管排出。待排水口无水流排出时，停止毛细透排水。记录排水时间，量取排水体积 $V_{毛细透排水}$，并取土样和退出水水样，分析土样和水样中 Cd 的总量。

3）电动力学排水

电动力学排水实验主要的流程包括土壤 Cd 活化、排上覆水和电动排水三个阶段。

土壤 Cd 活化：在图 3.4 所示分层装好土壤的电动力学排水装置中，按照 $M_{土壤}$:$M_{活化液}$=2:1 加入 65 L 浓度为 0.05 mol/L $FeCl_3$ 活化液，搅拌均匀后活化 2 d，活化期间搅拌 3 次。

排上覆水：活化 2 d 后，打开上覆水出水口，排尽上覆水，同时取上覆水和土样，备用。分析上覆水和土样中 Cd 的总量。

电动排水：在实验箱中等间距插入三条 EKG 排水带，加载电压 100 V，打开底部 PVC 排水管控制阀门，土壤孔隙水在电场作用下向 EKG 排水带汇集并通过 PVC 排水管排出，待排水口无水流排出时，停止电动排水。记录排水时间，量取排水体积 $V_{电动排水}$，并取土样和退出水水样，分析土样和水样中 Cd 的总量。

### 4. 分析方法

1）土样分析方法

排水前后，在沟槽排水装置、毛细透排水装置和电动排水装置中采用"S"形布点采样，取 10 个点，每个点约 100 g，总共 1 kg。采集的土壤样品在室内阴凉通风处风干，用四分法分取适量的风干样品，剔除碎石、动植物残体等杂物，然后用原木棍捣碎并全部过不同孔径的筛，储存于玻璃广口瓶备用。

（1）土壤 pH 和电导率：称取 10.0 g±0.1 g 过 2 mm 筛的土壤样品，置于 50 mL 的高型烧杯，并加入 25 mL KCl 溶液，用薄膜密封高型烧杯杯口，搅拌器搅拌 5 min 后静置 1~3 h，用校正好的 pH 计和电导率仪测定（标准 NY/T 1377—2007）。

（2）土壤有机质含量：准确称取 0.05~0.5 g 过 0.25 mm 筛的土壤样品，放入硬质试管中，在加热条件下，用过量的标准 $K_2Cr_2O_7$–$H_2SO_4$ 溶液氧化土壤有机碳，多余的 $K_2Cr_2O_7$ 用 $FeSO_4$ 溶液滴定，由消耗的 $K_2Cr_2O_7$ 按氧化校正系数计算出有机碳量，再乘以常数 1.724，即为土壤有机质含量［农业行业标准《土壤检测 第 6 部分：土壤有机质的测定》（NY/T 1121.6—2006）］。计算公式为

$$O.M = \frac{c \times (V_0 - V) \times 0.003 \times 1.724 \times 1.10}{m} \times 1\,000 \quad (3.1)$$

式中：O.M 为土壤有机质质量分数（g/kg）；$V_0$ 为空白试验所消耗的 $FeSO_4$ 标准溶液体积（mL）；$V$ 为试样测定所消耗的 $FeSO_4$ 标准溶液体积（mL）；$c$ 为 $FeSO_4$ 标准溶液的浓度（mol/L）；0.003 为 1/4 碳原子的毫摩尔质量（g/mmol）；1.724 为有机碳换算成有机质的系数；1.10 为氧化校正系数；$m$ 为称取烘干土样的质量（g）。

（3）土壤阳离子交换量：称取 5.0 g 过 2 mm 筛的风干土壤样品，置于 100 mL 离心管中，用 0.25 mol/L HCl 破坏碳酸盐，再以 0.05 mol/L HCl 处理试样，使交换性盐基完全自土壤中被置换，形成氢饱和土壤，用乙醇洗净多余的 HCl，使 $Ca^{2+}$ 再交换出 $H^+$，所生成的乙酸用 NaOH 标准溶液滴定［农业行业标准《中性土壤阳离子交换量和交换性盐基的测定》（NY/T 295—1995）］。计算公式为

$$\varepsilon = \frac{c \times (V - V_0)}{m \times (1 - H)} \times 1\,000 \quad (3.2)$$

式中：$\varepsilon$ 为土壤阳离子交换量（mmol/kg）；$c$ 为 HCl 标准溶液的浓度（mol/L）；$V$ 为 HCl 标准溶液的消耗体积（mL）；$V_0$ 为空白试验 HCl 标准溶液的消耗体积（mL）；$H$ 为风干土样的含水率（%）。

（4）土壤机械组成：采用简易比重计法分析土壤颗粒组成，具体方法为：称取通过 2 mm 孔径筛孔的均匀风干土样 50 g 于 500 mL 锥形瓶中，加适量蒸馏水润湿样品，加 0.5 mol/L $(NaPO_3)_6$ 60 mL 作为分散剂，再加蒸馏水至锥形瓶内土液体积 250 mL 左右，瓶口放一小漏斗，摇匀后静置 2 h。在电热套上加热，微沸 1 h。将 60 目（孔径 0.25 mm）的小铜筛放在漏斗上，一起放于 1 000 mL 沉降筒上。将冷却的三角瓶中悬液通过筛子，并用蒸馏水冲洗干净，直至筛下流出的水呈清液为止，但洗水量不能超过 1 000 mL。将留在小铜筛上的砂粒移入称量瓶内，烘干后称重。将沉降筒用蒸馏水定容至

1 000 mL，放置于温差变化小的实验桌上，将读数经必要的校正计算后，即代表直径小于所选定的毫米数的颗粒累积含量［农业行业标准《土壤检测 第 3 部分：土壤机械组成的测定》（NY/T 1121.3—2006）］。计算公式为

$$\omega = \frac{\chi}{m} \times 100\% \tag{3.3}$$

式中：$\omega$ 为小于某粒径颗粒含量（%）；$\chi$ 为小于某粒径颗粒的校正读数（g）。

（5）土壤 Cd 的总量：称取 0.1 g 过 0.15 mm 筛的风干土壤样品，置于 50 mL 聚四氟乙烯消解罐中，然后依次加入 6 mL 浓硝酸、2 mL 氢氟酸和 1 mL 过氧化氢，轻摇放气并静置后，拧紧消解罐，将消解罐放入微波消解仪中消解，消解完全取出消解罐放置赶酸器中，直至赶酸完全取出，用 1% 硝酸少量多次地将消解罐中的消解液转移至容量瓶，冷却后定容，并用 0.22 μm 滤膜过滤，滤液用石墨炉原子吸收分光光度计测定［国家标准《土壤质量 铅、镉的测定 石墨炉原子吸收分光光度法》（GB/T 17141—1997）］。计算公式为

$$W = \frac{cV}{m(1-f)} \tag{3.4}$$

式中：$W$ 为土壤样品中 Cd 的质量分数（mg/kg）；$c$ 为校准曲线上查的 Cd 的质量浓度（μg/L）；$V$ 为试液定容体积（mL）；$f$ 为土壤样品中水分的质量（g）。

2）水样分析方法

上覆水排尽之后即分别开始沟槽排水、毛细透排水和电动力学排水，在三种排水方式的前 12 h 每 2 h 采样一次，在 24 h 采样一次，以后采样时间为每 48 h 采集一次，直至排水结束。采样同时量取排水体积并记录采样时间。水样用 250 mL 取样瓶采集，并加酸调至 pH < 2，置于冰箱保存备测 Cd 和 Fe 的质量浓度。

水样在 HF–HNO$_3$–H$_2$O$_2$ 的酸体系中微波消解，消解后的水样在赶酸器中赶酸处理，然后冷却后定容，定容后水样中 Cd（或 Fe）的质量浓度用 ICP-MS 仪测定。计算公式为

$$c = \frac{(c_1 - c_2) \times f}{1000} \tag{3.5}$$

式中：$c$ 为水样 Cd（或 Fe）的质量浓度（mg/L）；$c_1$ 为稀释后试样中 Cd（或 Fe）的质量浓度（μg/L）；$c_2$ 为稀释后实验室空白样品中 Cd（或 Fe）的质量浓度（μg/L）；$f$ 为稀释倍数。

沟槽排水、毛细透排水和电动力学排水结束后的累积排水体积分别用 $V_{沟槽排水}$、$V_{毛细透排水}$ 和 $V_{电动力学排水}$ 表示。

3）其他方法

（1）排水速率：排水体积与排水时间的比值，沟槽排水、毛细透排水和电动力学排水速率分别用 $\upsilon_{电动力学排水}$、$\upsilon_{沟槽排水}$ 和 $\upsilon_{毛细透排水}$ 表示。计算公式为

$$\upsilon = \frac{V}{t} \tag{3.6}$$

式中：$\upsilon$ 为排水速率（L/h）；$V$ 为排水体积（L）；$t$ 为排水时间（h）。

（2）排 Cd 量：水样 Cd 的质量浓度与排水体积的乘积，沟槽排水、毛细透排水和电动力学的排 Cd 质量分别用 $M_{电动力学排水}$、$M_{沟槽排水}$ 和 $M_{毛细透排水}$ 表示。计算公式为

$$M = cV \tag{3.7}$$

式中：$M$ 为排 Cd 质量（mg）；$c$ 为水样 Cd 的质量浓度（mg/L）；$V$ 为排水体积（L）。

## 3.1.2　结果与分析

### 1. 排水性能

表 3.2 为不同排水方式下的排水体积。可以看出，上覆水排出体积基本相当，在 41～42 L，占活化后上覆水与土壤水之和的 34%～35%；沟槽排水、毛细透排水和电动力学排水三种排水方式排出的土壤水分别为 8 L、15 L 和 20 L，分别占活化后上覆水与土壤水之和的 6.67%、12.50% 和 16.67%，而排水后残余的土壤水分别为 71 L、63 L 和 59 L，分别占活化后上覆水与土壤水之和的 59.16%、52.50% 和 49.16%。可见，三种排水方式的排水能力顺序为：电动力学排水 > 毛细透排水 > 沟槽排水。

**表 3.2　不同排水方式下的排水体积**

| 技术参数 | 沟槽排水 | | 毛细透排水 | | 电动力学排水 | |
| --- | --- | --- | --- | --- | --- | --- |
| | 体积/L | 占活化后上覆水+土壤水百分比/% | 体积/L | 占活化后上覆水+土壤水百分比/% | 体积/L | 占活化后上覆水+土壤水百分比/% |
| 活化后上覆水+土壤水 | 120 | 100.00 | 120 | 100.00 | 120 | 100.00 |
| 排出的上覆水 | 41 | 34.17 | 42 | 35.00 | 41 | 34.16 |
| 排出的土壤水 | 8 | 6.67 | 15 | 12.50 | 20 | 16.67 |
| 残余土壤水 | 71 | 59.16 | 63 | 52.50 | 59 | 49.16 |

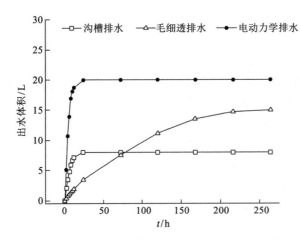

图 3.5　不同排水方式下出水体积与时间的关系

图 3.5 为不同排水方式下出水体积与时间的关系，从图中可以看出：

（1）0～24 h，三种排水方式的排水速率为：$v_{电动力学排水}$ ＞ $v_{沟槽排水}$ ＞ $v_{毛细透排水}$，排水速率分别为 0.83 L/h、0.33 L/h 和 0.16 L/h。这是因为前 24 h，沟槽排水和毛细透排水主要排出重力水，电动力学排水排出了土壤重力水外的土壤孔隙水，故电动力学排水体积最大；而毛细透排水在 24 h 内的出水体积最小，是因为毛细透排水带安装在土壤底部，先排出毛细透排水带周围土壤重力水，而较远的土壤重力水迁移到毛细透排水带附近需要一定的时间，因此毛细透排水在 24 h 内的出水体积最小。

（2）24～264 h，电动力学排水和沟槽排水的出水体积几乎为零，而毛细透排水的出水体积达 11 L，且 24～168 h 的排水速率与 24 h 前相比，变化不大。这是因为沟槽排水是利用重力排水，该方式只能排出土壤重力水，随着时间延长，土壤重力水越来越少，故 24 h 后沟槽排水的出水体积几乎为零；电动力学排水是利用重力和电场力作用排水，该排水方式能排出重力水和部分土壤孔隙水，24 h 之后出水体积为零是因为土壤孔隙水受到的毛管力与电场力相当；24 h 后毛细透排水仍可排水，出水体积达 11 L，是因为 24 h 后该排水方式下土壤中还有许多重力水，而且毛细透排水也可排出部分土壤孔隙水。

（3）到 264 h，三种排水方式的出水体积基本稳定，出水体积最终为：$V_{电动力学排水}$ ＞ $V_{毛细透排水}$ ＞ $V_{沟槽排水}$，分别为 20 L、15 L 和 8 L。这是因为随着排水时间延长，土壤孔隙水受到的毛管力最终与外界受力平衡，而土壤孔隙水受到外界力的大小为：电场力＞毛细管虹吸力＞重力，因此三种排水方式下，电动力学排水的排水性能最佳。

### 2. 排 Cd 性能

表 3.3 为不同排水方式下的排 Cd 量。可以看出,上覆水排 Cd 质量基本相当,在 33～35 mg,占活化后上覆水 Cd 总质量与土壤水 Cd 总质量之和的 35.94%;沟槽排水、毛细透排水和电动力学排水的排 Cd 质量分别为 3.95 mg、8.48 mg 和 24.57 mg,分别占活化后上覆水 Cd 总质量与土壤水 Cd 总质量之和的 9.84%、20.93% 和 60.65%,而排水后残余土壤水总 Cd 的质量为 22.52 mg、17.47 mg 和 2.26 mg,分别占活化后上覆水总 Cd 与土壤水总 Cd 之和的 55.59%、17.47% 和 5.58%。可见,三种排水方式的排 Cd 质量:$M_{电动力学排水} > M_{毛细透排水} > M_{沟槽排水}$。

**表 3.3  不同排水方式下的排 Cd 量**

| 技术参数 | 沟槽排水 | | 毛细透排水 | | 电动力学排水 | |
|---|---|---|---|---|---|---|
| | Cd 总质量/mg | 占活化后上覆水+土壤水中 Cd 总质量的百分比/% | Cd 总质量/mg | 占活化后上覆水+土壤水中 Cd 总质量的百分比/% | Cd 总质量/mg | 占活化后上覆水+土壤水中 Cd 总质量的百分比/% |
| 活化后上覆水+土壤水 | 40.51 | 100.00 | 40.51 | 100.00 | 40.51 | 100.00 |
| 排出的上覆水 | 13.68 | 33.77 | 14.56 | 35.94 | 13.68 | 33.77 |
| 排出的土壤水 | 3.95 | 9.84 | 8.48 | 20.93 | 24.57 | 60.65 |
| 残余土壤水 | 22.52 | 55.59 | 17.47 | 43.13 | 2.26 | 5.58 |

图 3.6 为不同排水方式下排 Cd 质量与时间的关系,从图中可以看出:0～24 h,三种排水方式的排 Cd 质量为:$M_{电动力学排水} > M_{沟槽排水} > M_{毛细透排水}$,

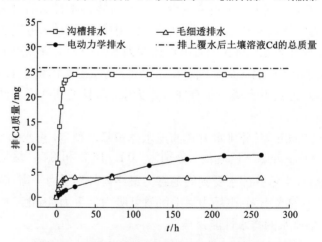

图 3.6  不同排水方式下排 Cd 质量与时间的关系

排 Cd 质量分别为 24.57 mg、3.95 mg 和 2.1 mg；24～264 h，电动力学排水和沟槽排水的排 Cd 质量几乎为零，而毛细透排水的排 Cd 质量达 6.38 mg，且 24～168 h 的排 Cd 速率与 24 h 前相比，变化不大；到 264 h，三种排水方式的排 Cd 质量基本稳定，且最终呈现的状态为：$M_{电动力学排水} > M_{毛细透排水} > M_{沟槽排水}$，排 Cd 质量分别为 24.57 mg、8.48 mg 和 3.95 mg。

主要是因为：①三种排水方式的排水体积为：$V_{电动力学排水} > V_{沟槽排水} > V_{毛细透排水}$，土壤水中 Cd 浓度相当情况下，出水体积越大，排 Cd 质量越大；②沟槽排水和毛细透排水仅仅是通过排水脱除 Cd，两者出水 Cd 浓度相当，而电动力学排水在通过电动场力排水脱除 Cd 的同时，土壤孔隙水中游离态 Cd 亦在电迁移下向电极侧迁移，因此，理论上电动力学排水 Cd 浓度相对更大。

电动力学修复主要去除土壤可移动态 Cd（Yeung, 2006），因此，在电动力学修复之前利用活化剂（如 $FeCl_3$）将土壤中稳定态 Cd 转化为可移动态 Cd，才能发挥该技术优势。前期相关对比实验表明，用水活化后电动排水，排 Cd 质量约 7 mg，远低于 $FeCl_3$ 活化后电动排出的 24.57 mg。因此，本节所述的三种排水方式处理的土壤均为 $FeCl_3$ 活化 1 d 后的稻田土壤，三种排水方式下的排 Cd 质量为：$M_{电动力学排水} > M_{毛细透排水} > M_{沟槽排水}$，排 Cd 质量分别为 24.57 mg、8.48 mg 和 3.95 mg。

由式（3.7）可知，不同排水方式下的排 Cd 质量与排水体积和排出水 Cd 浓度呈正相关，如图 3.7 所示，出水 Cd 的平均浓度分别为 1.23 mg/L、0.56 mg/L 和 0.49 mg/L，电动力学排水、毛细透排水和沟槽排水的出水体积分别为 20 L、15 L 和 8 L（见表 3.2），故三种排水方式下的排 Cd 质量为：$M_{电动力学排水} > M_{毛细透排水} > M_{沟槽排水}$。电动力学排水不但能短时间内排出更多的土壤水，而且排出溶液中的 Cd 浓度也更大，毛细透排水其次。这是因为：①电动力学排水和毛细透排水可排出土壤重力水和土壤孔隙水，沟槽排水只能排出重力水，而且土壤孔隙水排出过程中受到的外界力为：电动力学排水的电场力 > 毛细透排水带的虹吸力，因此，电动力学排水能短时间内排出的土壤水最多，毛细透排水其次，沟槽排水最少；②电动力学排水过程中，土壤 Cd 除了随电渗流排出，还可在电迁移的作用下排出，而且电迁移的速度是电渗析平均速率的 10 倍（Virkutyte et al., 2002），毛细透排水和沟槽排水过程，土壤 Cd 仅在重力或毛细力排水下随土壤水排出，因此三种排水方式中，电动力学排水的出水 Cd 浓度最大。

从实际操作和排 Cd 能效综合分析，沟槽排水只需预制排水沟槽，操作简单但排 Cd 能效最低；电动力学排水插入电极后通电即可，操作相对简单，

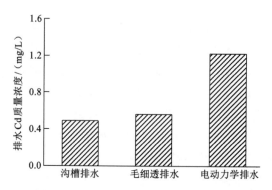

图 3.7　不同排水方式下的排水 Cd 浓度

排 Cd 能效最高；毛细透排水需要沟槽预制、毛细透排水带铺设和沟槽填埋等工序，操作烦琐，排 Cd 能效居中。

综上分析，可以得出以下结论。

（1）处理相同质量的土壤，三种排水方式的排水体积：$V_{电动力学排水} > V_{毛细透排水} > V_{沟槽排水}$；

（2）处理相同质量的土壤，排出水中 Cd 的质量浓度：$c_{电动力学排水} > c_{毛细透排水} > c_{沟槽排水}$；排 Cd 质量：$M_{电动力学排水} > M_{毛细透排水} > M_{沟槽排水}$。

# 3.2　电动排水影响因素

## 3.2.1　实验材料与方法

### 1. 供试土壤

实验土壤来自湖南省某镇试验基地，为花岗岩发育的麻砂泥水稻土，土壤 pH 为 5.20，速效氮质量分数为 228 mg/kg，速效磷质量分数为 57.1 mg/kg。土壤 Cd 的总质量分数为 0.96 mg/kg，土壤 Fe 的总质量分数为 12.57 g/kg，土壤 Cl 质量分数为 0.07 mg/kg，土壤 Cd 有效态质量分数为 0.41 mg/kg，属于轻度 Cd 污染土壤。

### 2. 实验装置

如图 3.8 所示，电动排水实验装置采用有机玻璃自制加工而成，在装置一端的顶部和底部分别设计一个直径为 5 mm 的孔，并安装出水阀。本节采用的电动修复实验装置高×宽为 15 cm×20 cm，长有 30 cm、50 cm 和 100 cm 三种。电动排水前，先在电动修复装置两端安装 EKG 电极；然后分层装入一定质量的土壤,按 $M_{土壤}$:$M_{活化液}$=2:1 加入 0.05 mol/L FeCl$_3$ 搅拌均匀后活化 2 d,活化期间搅拌 3 次,2 d 后打开顶部出水阀,排出上覆水;将设计有排水阀一端的 EKG 连接直流稳压电源的负极,另一端连接正极,待排尽上覆水后,关闭顶部排水阀,打开底部排水阀,开始电动排水。电动排水过程中将土壤平均分为 2 个截面,分别为阳极侧和阴极侧,定时用 Unisence 微电极系统原位监测土壤 pH。

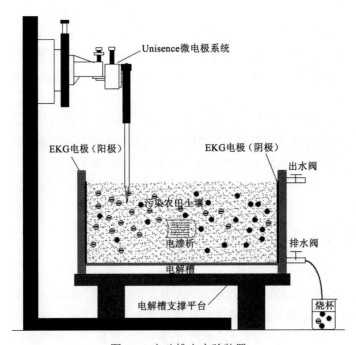

图 3.8　电动排水实验装置

### 3. 实验设计

(1)通电方式:在电极间距 50 cm,电动时间 48 h 条件下,研究连续通电法(2 V/cm)、间歇通电法(通电 12 h,断电 12 h)和提高电压法(从初始电压梯度 2 V/cm 提高到 5 V/cm,每 12 h 提高 1 V/cm 电压梯度)对农田土壤排水和土壤有效态 Cd 脱除的影响,并综合考虑排水效果、重金属脱除效果、能耗以及田间可操作性等因素,确定适宜田间操作的通电方式。

(2)电压梯度:在电极间距 30 cm,电动时间 48 h 下采用间歇通电方式,研究不同电压梯度(1 V/cm、2 V/cm、3 V/cm、4 V/cm)下农田土壤排水性能和土壤有效态 Cd 脱除效果,并综合考虑排水效果、脱除效果以及能耗等因素,确定处理该农田土壤的最佳电压梯度。

(3)补加水:在电压梯度 2 V/cm、电极间距为 50 cm、电动时间为 2 d

下采用间歇通电,研究电动排水过程中含水率补偿对电动力学强化排水排除土壤 Cd 的影响。设计 2 组实验,实验 A(不补偿):按 $M_{土壤}$:$M_{活化液}$=2:1,加入 FeCl$_3$ 溶液活化 2 d 后,在 2 V/cm 下间歇通电(12 h 通电,12 h 断电),电动排水 2 d;实验 B(补偿):按 $M_{土壤}$:$M_{活化液}$=2:1,加入 FeCl$_3$ 溶液活化 1 d 后,在 2 V/cm 下间歇通电(12 h 通电,12 h 断电),电动排水 2 d,电动排水期间每 12 h 补水搅拌 1 次(使土壤保持饱和含水率)。

(4)电动时间:按 $M_{土壤}$:$M_{活化液}$=2:1,加入 FeCl$_3$ 溶液活化 2 d 后,在电压梯度 2 V/cm、含水率补偿、电极间距 50 cm 下采用间接通电方式,研究不同电动排水时间下(1 d,2 d,4 d 和 6 d),农田土壤排水效果、土壤有效态 Cd 脱除效果以及土壤 pH 的变化,通过分析脱除效果和能耗确定最佳电动修复时间。

(5)电极间距:按 $M_{土壤}$:$M_{活化液}$=2:1,加入 FeCl$_3$ 溶液活化 2 d 后,在电压梯度 2 V/cm、含水率补偿、电动排水时间为 2 d 下采用间隙通电方式,研究不同电极间距下(30 cm、50 cm 和 100 cm),农田土壤排水效果、土壤有效态 Cd 脱除效果以及土壤 pH 的变化,通过分析脱除效果和能耗确定最佳电极间距。

## 4. 分析方法

1)土壤分析方法

在活化、电动排水等处理前后,采用 S 型取样法,取 10 个点,每个点约 50 g,总共 0.5 kg 采集的土壤样品在室内阴凉通风处风干,用四分法分取适量的风干样品,剔除碎石、动植物残体等杂物,然后用原木棍捣碎并全部过不同孔径的筛,储存于玻璃广口瓶备测土壤有效 Cd、土壤氯、土壤速效氮和土壤速效磷等指标。

(1)土壤 pH 和电导率:用 1 mol/L KCl 按液固比 2.5:1 浸提土壤样品,然后用校正好的 pH 计测定的浸提液 pH 即为土壤 pH(农业行业标准 NY/T 1377—2007)。

(2)土壤有机质含量测定:在加热条件下,用过量的标准 K$_2$Cr$_2$O$_7$-H$_2$SO$_4$ 溶液氧化土壤有机碳,多余的 K$_2$Cr$_2$O$_7$ 用 FeSO$_4$ 溶液滴定,由消耗的 K$_2$Cr$_2$O$_7$ 按氧化校正系数计算出有机碳量,再乘以常数 1.724,即为土壤有机质含量(农业行业标准 NY/T 1121.6—2006)。

(3)土壤阳离子交换量:用 0.25 mol/L 盐酸破坏土壤样品中的碳酸盐,再以 0.05 mol/L 盐酸处理试样,使交换性盐基完全自土壤中被置换,形成氢饱和土壤,用乙醇洗净多余的盐酸,使 Ca$^{2+}$ 再交换出 H$^+$,所生成的乙酸用 NaOH 标准溶液滴定,通过酸碱滴定计算土壤阳离子交换量(农业行业标准 NY/T 295—1995）。

（4）土壤机械组成：试样经处理制成悬浮液，根据斯托克斯定理，用特制的甲种土壤比重计于不同时间测定悬液密度的变化，并根据沉降时间、沉降深度及比重计读数计算土壤粒径大小及其百分含量（农业行业标准 NY/T 1121.3—2006）。

（5）土壤 Cd、Fe 的总量：土壤样品在 HF–HNO$_3$–H$_2$O$_2$ 的酸体系中微波消解，稀释定容后用石墨炉原子吸收分光光度计测定（国家标准 GB/T 17141—1997）。

（6）土壤 Cd 有效含量：称取 5.0 g 过 2 mm 筛的风干土壤样品，置于 100 mL 具塞锥形瓶，用移液管加入 25.00 mL DTPA 提取剂，在室温（25℃±2℃）下放入水平式往复振荡器上，在 180 次/min 下振荡提取 2 h，然后离心或干过滤，最初 5～6 mL 滤液弃去，再次滤下的滤液用石墨炉原子吸收分光光度计测试（国家标准 GB/T 23739—2009）。计算公式为

$$w(\mathrm{Cd}) = \frac{(c - c_0) \times V}{m \times 1\,000} \tag{3.8}$$

式中：$w(\mathrm{Cd})$ 为土壤样品中有效态 Cd 质量分数（mg/kg）；$c$ 为从校准曲线上查得的有效态 Cd 的质量浓度（μg/L）；$c_0$ 为试剂空白溶液 Cd 的质量浓度（μg/L）；$V$ 为样品所使用提取液的体积（mL）；$m$ 为试样质量（g）。

（7）土壤 Cl$^-$ 含量：准确称取 20.00 g 过 2 mm 筛的土壤样品置于 250 mL 锥形瓶中，加入 100 mL 水。加塞封闭瓶口，用振荡器剧烈振荡 5 min，使试样充分分散，然后干过滤，滤液用离子色谱仪测定（农业行业标准 NY/T 1378—2007）。计算公式为

$$w(\mathrm{Cl}) = \frac{(c - c_0) \times V}{m \times 1\,000} \tag{3.9}$$

式中：$w(\mathrm{Cl})$ 为土壤样品中 Cl$^-$ 质量分数（mg/kg）；$c$ 为从校准曲线上查得的 Cl$^-$ 的质量浓度（μg/L）；$c_0$ 为试剂空白溶液 Cl$^-$ 的质量浓度（μg/L）；$V$ 为样品所使用提取液的体积（mL）；$m$ 为试样质量（g）。

（8）土壤速效氮含量：称取 2.0 g 过 2 mm 筛的风干土壤样品和 1.0 g Zn–FeSO$_4$ 粉剂，均匀铺在扩散皿的外室，扩散皿的内室加入 3 mL 硼酸液和 1 滴定氮混合指示剂，然后在扩散皿外室迅速加 10 mL 1.2 mol/L NaOH 溶液，并立即用毛玻璃盖严，用橡皮筋固定后放入 40℃±1℃ 的烘箱中，24 h±0.5 h 后取出用硫酸标准滴定溶液滴定扩散皿内室吸收液由蓝绿色变为微红色，记录滴定液消耗量，经计算得出土壤速效氮质量分数 [河北省地方标准《土壤速效氮测定》（DB13/T 843—2007）]。计算公式为

$$w(N) = \frac{(V - V_0) \times c \times 14 \times 1000}{m} \quad (3.10)$$

式中：$w(N)$ 为土壤速效氮质量分数（mg/kg）；$V$ 为滴定土样消耗标准酸体积（mL）；$V_0$ 为滴定空白消耗标准酸体积（mL）；$c$ 为酸标准溶液质量浓度（mol/L）；14 为氮的摩尔质量（g/mol）。

（9）土壤速效磷含量：称取 2.5 g 过 2 mm 筛的风干土壤样品，置于 200 mL 塑料瓶中，加入 50 mL 浸提剂，$NH_4F - HCl$ 溶液浸提酸性土壤（pH < 6.5）中的有效磷，利用碳酸氢钠溶液浸提中性和石灰行土壤中的有效磷，所提取的磷用钼酸铵分光光度法测定，经计算得出土壤速效磷质量分数［农业行业标准《土壤检测第 7 部分：土壤有效磷的测定》（NY/T 1121.7—2006）］。计算公式为

$$w(P) = \frac{(c - c_0) \times V \times D}{m} \quad (3.11)$$

式中：$w(P)$ 为土壤样品中有效态磷质量分数（mg/kg）；$c$ 为从校准曲线上查得的显色液中磷的质量浓度（mg/L）；$c_0$ 为从校准曲线上查得空白试样中磷的质量浓度（mg/L）；$V$ 为显色液体积（mL）；$D$ 为分取倍数，试样浸提剂体积与分取体积之比；$m$ 为试样质量（g）。

2）水样分析方法

上覆水排尽后即开始电动排水，在排水前 12 h 每 4 h 采样一次，在 24 h 采样一次，从 24～36 h 每 4 h 采样一次，最后在 48 h 采样一次。采样同时量取排水体积并记录采样时间。水样用 250 mL 取样瓶采集，并加酸调至 pH < 2，置于冰箱保存备测 Cd、Fe、Cl 的质量浓度。

（1）水样 Cd、Fe 的质量浓度：水样在 $HF-HNO_3-H_2O_2$ 的酸体系中微波消解，消解后的水样在赶酸器中赶酸处理，然后冷却后定容，定容后水样中 Cd（或 Fe）的质量浓度用电感耦合等离子体质谱仪测定，详见 3.1.1 小节。

（2）水样 Cl 的总质量：水样过滤后用离子色谱测定，（环境保护标准 HJ 799—2016）。计算公式为

$$m = \frac{[(c - c_0) \times f] \times V}{1000} \quad (3.12)$$

式中：$m$ 为水样 Cl⁻质量（mg）；$c$ 为从校准曲线上查得 Cl⁻的质量浓度（μg/L）；$c_0$ 为试剂空白溶液氯离子的质量浓度（μg/L）；$f$ 为试样稀释倍数；$V$ 为水样体积（L）。

（3）水样 pH。用 pH 计直接测定。

3）其他方法

（1）能耗分析：通过对电流–时间曲线积分，乘以加载电压计算不同时间段电动排水的能耗。计算公式为

$$E = U \int_0^t I dT \qquad (3.13)$$

式中：$E$ 为电动排水能耗（kW·h）；$U$ 为加载的电压（V）；$I$ 为电流密度（A）；$t$ 为电动排水时间（h）。

（2）排水能效：电动排水过程退出水体积与能耗的比值。计算公式为

$$\eta(w) = \frac{V}{E} \qquad (3.14)$$

式中：$\eta(w)$ 为排水能效［L/（kW·h）］；$V$ 为电动排水体积（L）；$E$ 为电动排水能耗（kW·h）。

（3）排 Cd 量：水样 Cd 的质量浓度与排水体积的乘积，详见 3.1.1 小节分析方法。

（4）排 Cd 能效：电动排水过程退出水中总 Cd 含量与能耗的比值。计算公式为

$$\eta(Cd) = \frac{M}{E} \qquad (3.15)$$

式中：$\eta(Cd)$ 为排 Cd 能效［L/（kW·h）］；$M$ 为电动排水中 Cd 的总质量（mg）；$E$ 为电动排水能耗（kW·h）。

（5）土壤有效态 Cd 含量降幅：电动排水后土壤有效态 Cd 质量分数与土壤有效态 Cd 初始质量分数的百分比。计算公式为

$$\phi(Cd) = \frac{m_0 - m}{m_0} \times 100\% \qquad (3.16)$$

式中：$\phi(Cd)$ 为土壤有效态 Cd 含量降幅（%）；$m$ 为电动排水后土壤有效态 Cd 质量分数（mg/kg）；$m_0$ 为土壤有效态 Cd 初始质量分数（mg/kg）。

## 3.2.2　结果与分析

### 1. 通电方式

1）电动排水效果

在电极间距 50 cm，电动时间 48 h 条件下，研究连续通电法、间歇通电法和提高电压法（对土壤排水效果的影响，图 3.9 为不同通电方式下农田土壤的排水体积。由图可知，0～12 h，三种通电方式下土壤排水体积均随时间显著增加，三种通电方式的排水体积无明显差异；12～24 h，三种通电方

式下土壤排水体积仍保持增加,但相对于前 12 h,其增幅减缓,且三者间的累积出水体积出现差异,排水体积为:$V_{\text{提高电压法}} > V_{\text{连续通电}} > V_{\text{间歇通电}}$;24～36 h,三种通电方式下土壤排水体积增幅急剧下降,累积排水体积呈现的规律为:$V_{\text{提高电压法}} > V_{\text{间歇通电}} > V_{\text{连续通电}}$;36～48 h,由于土壤含水率三种通电方式下土壤退出水体积随时间延长均无明显增加,最终排水体积为:$V_{\text{提高电压法}} > V_{\text{间歇通电}} > V_{\text{连续通电}}$。这是因为电压梯度越大,电动排水效果越好(冯源,2012);相对连续通电,间歇通电能提高土壤的电流密度,有利于电动排水(周光华,2009)。

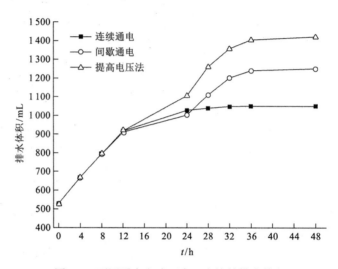

图3.9　不同通电方式下农田土壤的排水体积

### 2) 土壤有效态 Cd 含量降幅

在电极间距 50 cm,电动时间 48 h 条件下,研究连续通电、间歇通电和提高电压法对土壤有效态 Cd 含量降幅的影响,不同通电方式下土壤有效态 Cd 含量降幅见图 3.10。由图可知,电动排水后,连续通电、间歇通电和提高电压法的土壤有效态 Cd 含量降幅分别约为 27.58%、30.05% 和 32.68%。与周光华在电动力学修复重金属污染土壤实验研究结果相似,即间歇通电法和提高电压法有利于提高重金属 Cd 的脱除率(周光华,2009)。但是,与间歇通电法相比,提高电压法加载的电压、电动时间以及电动排水过程中的电流密度更大,因此所消耗的电能远大于间歇通电。

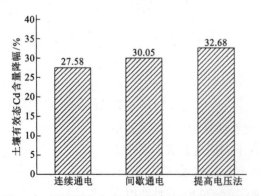

图3.10　不同通电方式下土壤有效态 Cd 含量降幅

## 2. 电压梯度

### 1）电动排水效果

在电极间距 50 cm，间歇通电 48 h，研究不同电压梯度（1 V/cm、2 V/cm、3 V/cm、4 V/cm）下农田土壤的排水性能，图 3.11 为不同电压梯度下累积排水体积与时间的关系。由图可知，电压梯度为 1 V/cm、2 V/cm、3 V/cm 和 4 V/cm 下，通电 48 h 的累积排水体积分别为 0.70 L、1.25 L、1.48 L 和 1.86 L。可见，累积排水体积随电压梯度的增大而增大，主要是因为土壤颗粒表面电荷在电场作用下迁移带动孔隙水流动，所以电压梯度越大，土壤颗粒表面电荷受到的电场力越大，土壤颗粒表面的孔隙水受到表面电荷的拖动力越大，电渗析流量越大，排水体积也越大（冯源，2012）。

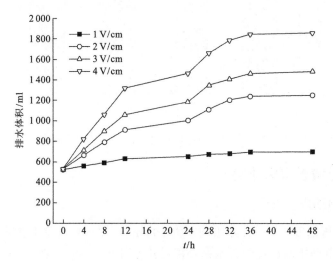

图 3.11　不同电压梯度下累积排水体积与时间的关系

另外，与前 36 h 比，36～48 h 的排水体积增幅急剧下降，几乎接近于零且不同电压梯度下的出水体积无明显差异，这是因为土壤水分在电场作用下从阳极侧向阴极侧迁移，阳极侧土壤含水率随着电动排水时间的延长逐渐减小，导致该部分土壤电阻增大，所消耗的电压降增大，而阴极侧土壤的电压降相应降低，从而阴极侧土壤颗粒表电荷受到的电场力减小，土壤孔隙水因水力渗流作用而难以排出甚至向阳极侧回流。

### 2）土壤有效态 Cd 含量降幅

在电极间距 30 cm，电动时间 48 h 下采用间歇通电方式，研究不同电压梯度（1 V/cm、2 V/cm、3 V/cm、4 V/cm）下农田土壤有效态 Cd 的降幅，图 3.12 为不同电压梯度下土壤有效态 Cd 含量降幅。由图可知，电动排水后，电压梯度为 1 V/cm、2 V/cm、3 V/cm 和 4 V/cm 下土壤有效态 Cd 含量降幅为 23.88%、30.05%、34.78% 和 38.04%。可见，增加电压梯度能提高土壤有效态 Cd 含量降幅。周碧青在研究不同电压降条件下污泥中主要重金属的动电去除效果中也得出类似结论（周碧青 等，2007）。但是，相同电动时间下，电压梯度越大，电动排水的能耗也越大。

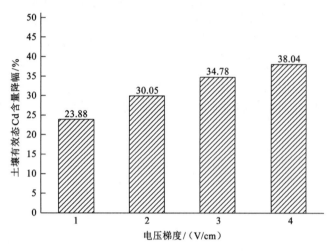

图 3.12　不同电压梯度下土壤有效态 Cd 含量降幅

### 3. 土壤含水率补偿

1）电动排水效果

在电压梯度 2 V/cm、电极间距为 50 cm、电动时间为 2 d 下采用间歇通电，研究电动排水过程中含水率补偿对排水体积的影响（图 3.13）。由图可知，实验 A（不补偿）和实验 B（补偿）的排水体积为 1.25 L 和 2.16 L。可见，含水率补偿能增加电动排水体积，但是补加到土壤中的水并不能完全排除，排出水占补加水的 72.8%，这主要是因为随着排水时间延长，土壤电导率下降，土壤孔隙水受到的电动力变小。

2）土壤有效态 Cd 含量降幅

在电压梯度 2 V/cm、电极间距为 50 cm、电动时间为 2 d 下采用间歇通电，研究电动排水过程中含水率补偿对土壤有效态 Cd 含量降幅的影响（图 3.14）。由图可知，实验 A（不补偿）和实验 B（补偿）的土壤有效态 Cd 含量降幅分别为 30.50% 和 32.19%。可见，土壤理化性质、电压梯度、通电时间和电极间距等条件相同的情况下，含水率补偿有利于土壤 Cd 的脱除，陈锋在相关研究中得出类似结论（陈锋，2008）。

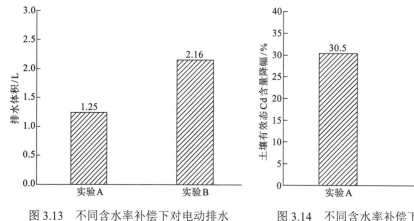

图 3.13　不同含水率补偿下对电动排水体积的变化

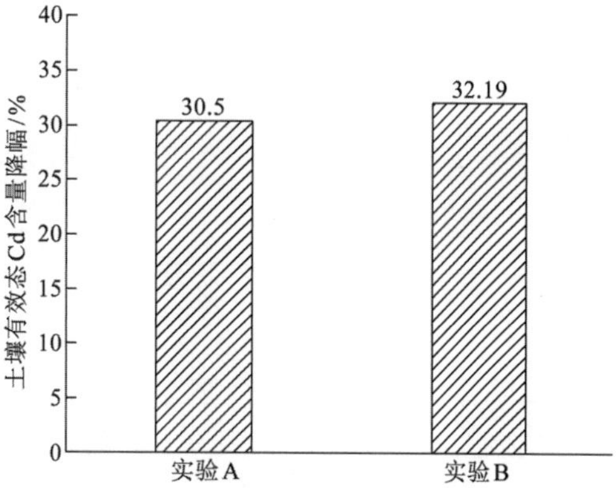

图 3.14　不同含水率补偿下对土壤有效态 Cd 含量降幅的变化

### 4. 电动时间

**1）电动排水效果**

在电压梯度 2 V/cm、含水率补偿、电极间距 50 cm 下采用间接通电方式，研究不同电动排水时间下（1 d、2 d、4 d 和 6 d）土壤排水效果，图 3.15 为不同电动时间下排水总体积与时间的关系。由图可知，电动时间为 1 d、2 d、4 d、6 d 的出水体积分别为 1.27 L、2.16 L、4.35 L 和 8.27 L。可见，排水总体积随电动时间的延长而增大。冯源（2012）在相关研究中也得出类似结论，同时还发现随着脱水时间的延长，排水体积存在上限。图 3.15 所示排水体积随时间呈直线上升的趋势，这主要是因为考虑到电动排水的上限，在电动排水过程中实施了含水率补偿，以保证土壤饱和含水率，从而尽可能多地排出土壤孔隙水中的可移动态 Cd。

**2）土壤有效态 Cd 含量降幅**

在电压梯度 2 V/cm、含水率补偿、电极间距 50 cm 下采用间接通电方式，研究不同电动排水时间下（1 d、2 d、4 d 和 6 d）农田土壤有效态 Cd 含量降幅，图 3.16 为不同电动时间下土壤有效态 Cd 含量降幅。由图可知，1 d、2 d、4 d 和 6 d 的重金属 Cd 的脱除率分别为 25.75%、32.19%、40.55% 和 43.21%。可见，在一定电动排水时间范围内，延长电动时间能提高重金属 Cd 的电动脱除率，但是，随着电动时间的延长，土壤孔隙水中的可移动态重金属浓度降低，土壤有效态 Cd 含量降幅逐渐趋于稳定。杨磊等（2012）和徐磊等（2015）在研究电动修复时间对重金属 Cd 电动活化率的影响中也得出类似结论。

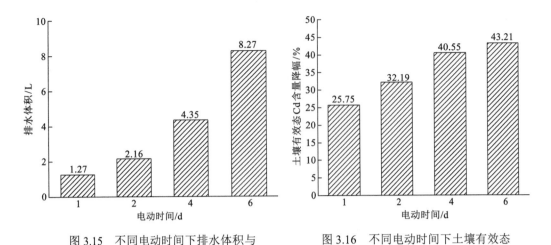

图 3.15 不同电动时间下排水体积与 时间的关系

图 3.16 不同电动时间下土壤有效态 Cd 含量降幅

## 5. 电极间距

### 1）电动排水效果

在电压梯度 2 V/cm、含水率补偿、电动排水时间为 2 d 下采用间歇通电方式，研究不同电极间距下（30 cm、50 cm 和 100 cm）土壤排水效果，图 3.17 所示为不同电极间距下排水体积与时间的关系。由图可知，电极间距为 30 cm、50 cm 和 100 cm 的排水体积分别为 1.75 L、2.16 L 和 2.39 L。活化并排尽上覆水后，电极间距为 30 cm、50 cm 和 100 cm 装置中的土壤含水量分别约为 3 L、5 L 和 10 L，经计算，电极间距为 30 cm、50 cm 和 100 cm 的脱水效率分别为 58.33%、43.20% 和 23.90%。可见电极间距越小，电动排水效果越好（冯源，2012）。这是因为，电极间距越大，土壤孔隙水迁移的路径越长，单位时间内退出土壤的水就越少，排水效果越差。

### 2）土壤有效态 Cd 含量降幅

在电压梯度 2 V/cm、含水率补偿、电动排水时间为 2 d 下采用间歇通电方式，研究不同电极间距下（30 cm、50 cm 和 100 cm）土壤有效态 Cd 含量降幅，图 3.18 为不同电极间距下土壤有效态 Cd 含量降幅。由图可知，电极间距为 30 cm、50 cm 和 100 cm 的重金属 Cd 的脱除率分别为 37.55%、32.19% 和 29.02%。可见，电极间距越小，土壤有效态 Cd 含量降幅越大。Rajić 等（2012）在相关研究中也得出类似结论。土壤孔隙水中的可移动态重金属同时在电迁移和电渗析的作用下向阴极侧迁移（Yeung et al.，2011），电极间距越大，可移动态重金属迁移出土壤所消耗的时间越长，相同时间内的去除效果就越差（郑燊燊 等，2007）。

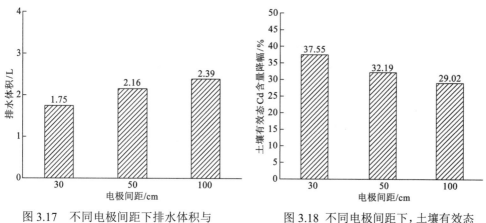

图 3.17　不同电极间距下排水体积与
时间的关系

图 3.18　不同电极间距下，土壤有效态
Cd 含量降幅

## 3.2.3　讨论

### 1. 电动排水能效及其排 Cd 能效

传统电动修复技术是在污染土壤两端加载低直流电，土壤孔隙水中的可移动态重金属在电迁移和电渗析作用下迁移至电解液、电极附近土壤或电极表面的吸附材料，它不利于现场应用，而且还因电极电解水产生的 $H^+$ 和 $OH^-$ 导致土壤酸化和碱化（蔡宗平 等，2016），不但降低了电动修复效率还增加了能耗。本研究基于 EKG 电极和自主研发的电动排水装置，研究了活化-电动力学排水强化排出土壤孔隙水的同时脱除重金属 Cd，为更好地指导现场应用示范试验，现对通电方式、电压梯度、电动时间、土壤含水率补偿和电极间距等参数进行了比较研究，分析不同参数下土壤有效态 Cd 含量降幅、排水能效和排 Cd 能效，结果如图 3.19～图 3.23 所示。

图 3.19 所示为不同通电方式下排水能效、排 Cd 能效及土壤有效态 Cd 含量降幅，从图可看出，在相同电动时间、电极间距下，土壤有效态 Cd 含量降幅 $\phi$ 为：$\phi_{提高电压法} > \phi_{间歇通电} > \phi_{连续通电}$，这是因为间歇通电法和提高电压法均能保持电路中的电流密度，从而提高土壤 Cd 的电动迁移率（周光华，2009）。经对比发现，间歇通电下，土壤有效态 Cd 含量降幅达 30% 以上，且排水能效和排 Cd 能效最高。

图 3.20 给出了不同电压梯度下排水能效、排 Cd 能效及土壤有效态 Cd 含量降幅。从图中可以看出：①在相同电动时间、电极间距下，电压梯度越大，土壤有效态 Cd 含量降幅越大；②排水能效和排 Cd 能效与电压梯度呈负相关关系，这是因为增加电压梯度大大提高了能耗，周碧青等（2007）在研究不同电压降条件下污泥中主要重金属的动电去除效果中也得出类似结

论。经对比发现，在电压梯度 2 V/cm 下，排 Cd 能效较高且土壤有效态 Cd 含量降幅达 30%以上。

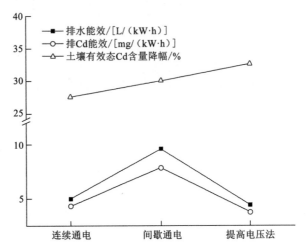

图 3.19　不同通电方式下排水能效、排 Cd 能效及土壤有效态 Cd 含量降幅

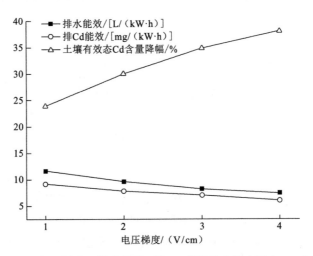

图 3.20　不同电压梯度下排水能效、排 Cd 能效及土壤有效态 Cd 含量降幅

图 3.21 给出了不同电动时间下排水能效、排 Cd 能效及土壤有效态 Cd 含量降幅。由图可知：①在相同电压梯度、电极间距下，土壤有效态 Cd 含量降幅增大，这是因为增加电动时间能提高重金属 Cd 的电动脱除效率（徐磊等，2015；杨磊 等，2009）；②随着电动时间延长，排水能效和排 Cd 能效均降低，这是因为随着时间的延长，土壤孔隙水中可移动态 Cd 含量降低，电动排水出水 Cd 质量浓度降低，同时电流密度降低，能耗降低。经对比发现，在电动时间为 48 h 下，排 Cd 能效较高，土壤有效态 Cd 含量降幅达 30%。

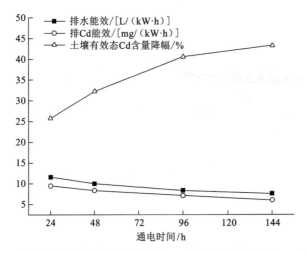

图 3.21  不同电动时间下排水能效、排 Cd 能效及土壤有效态 Cd 含量降幅

图 3.22 给出了不同电极间距下排水能效、排 Cd 能效及土壤有效态 Cd 含量降幅。由图可知，在相同电压梯度下，随着电极间距增大，排水能效、排 Cd 能效和土壤有效态 Cd 含量降幅越小。经对比发现，在电极间距为 50 cm 下，排 Cd 能效较高、土壤有效态 Cd 含量降幅达 30%以上。

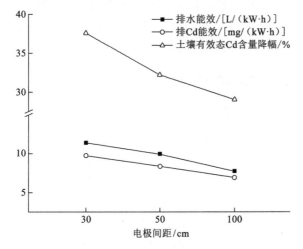

图 3.22  不同电极间距下排水能效、排 Cd 能效及土壤有效态 Cd 含量降幅

图 3.23 为不同含水率补偿与排水能效、排 Cd 能效及土壤有效态 Cd 含量降幅的关系。从图可知：①在相同电动时间、电极间距和电压梯度下，含水率补偿能提高土壤有效态 Cd 含量降幅，这是因为含水率极低时，由于电迁移和电渗流作用都很小，活化效率很低，增加土壤含水率能提高重金属的电动去除效果（陈锋，2008）；童君君（2013）、孟凡生（2007）、朱娜（2005）

等相关研究中也得出类似结论；②排水能效和排 Cd 能效与土壤有效态 Cd 含量降幅呈负相关关系，这是因为含水率补偿大大提高了能耗。因此，在电动排水过程中可选择含水率补偿，能使土壤有效态 Cd 含量降幅达 30%。

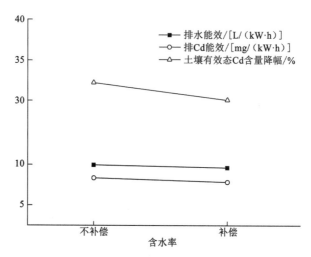

图 3.23　不同含水率补偿与排水能效、排 Cd 能效及土壤有效态 Cd 含量降幅的关系

综上所述，电动排水脱除技术采用间歇通电、电压梯度 2 V/cm、电极间距 50 cm、含水率补偿、电动时间 2 d 等参数时，土壤有效态 Cd 含量降幅可达 30%以上，且排水能效和排 Cd 能效较高。

### 2. 电动排水对土壤理化性质的影响

#### 1）电动排水后土壤残余 Fe 和 Cl 的含量

电动排水后土壤残余 Fe 和 Cl 含量见表 3.4。由表 3.4 可知，电动排水后，实验 A 土壤 Fe 和土壤 Cl 的总质量分数分别为 12.91 g/kg 和 4.11 g/kg，实验 B 土壤 Fe 和土壤 Cl 的总质量分数分别为 11.30 g/kg 和 3.20 g/kg。可见，与实验 A 相比，实验 B（电动排水过程中含水率补偿）中土壤 Fe 和土壤 Cl 的总量更低，因此补加水有利于土壤孔隙水中 Cd、Fe 和 Cl 的脱除。一方面是因为补加水，促进了土壤孔隙水中离子的退出；另一方面，补加水保证土壤含水率，确保了土壤孔隙水不断流，不但有利于电渗析脱除离子，还为离子的电迁移提供了迁移通道。

与供试土壤相比，实验 B 土壤有效态 Cd、Fe 和 Cl 的质量分数分别为 0.278 mg/kg、11.30 g/kg 和 3.20 g/kg，经计算，土壤有效态 Cd 含量降幅达 30%，土壤 Fe 含量无明显差异，土壤 Cl 含量增幅较大，但是阴离子在土壤中吸附性能差，可以通过水肥调控处理而降低土壤 Cl 含量（曾希柏，2000）。

表 3.4　电动排水后土壤残余 Fe 和 Cl 质量分数

| 项目 | 土壤有效态 Cd 质量分数/（mg/kg） | 土壤 Fe 质量分数/（g/kg） | 土壤 Cl 质量分数/（g/kg） |
|---|---|---|---|
| 供试土壤 | 0.410 | 12.57 | 0.07 |
| 实验 A | 0.287 | 12.91 | 4.11 |
| 实验 B | 0.278 | 11.30 | 3.20 |

2）电动排水后土壤 pH、速效氮量和速效磷量的变化

电动排水前，装置中的土壤先用 $FeCl_3$ 搅拌均匀并活化 24 h，使得土壤 pH 由 5.20 降低至 2.45，以提高土壤重金属的活性。农泽喜等（2017）在这方面也有相关研究。不同处理下电动排水前后阳极侧和阴极侧土壤 pH 变化趋势见图 3.24。可以看出，电动排水前土壤 pH 为 2.45，电动排水后，实验 A 的阴极侧和阳极侧土壤 pH 分别为 2.64 和 2.95，实验 B 的阴极侧和阳极侧土壤 pH 分别为 3.06 和 3.24，可见，电动排水后土壤各截面 pH 均增大，且各截面土壤 pH 无明显差异。这主要是因为 $Fe^{3+}$ 随着排水的过程排出土壤使得各截面土壤 pH 增大，而且电动排水装置在电动排水的过程中，同时有排水的功能，使得阴极产生的 $OH^-$ 大部分随着水流沿着 EKG 电极的导水凹槽流入收集装置。

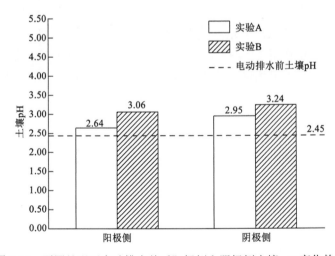

图 3.24　不同处理下电动排水前后阳极侧和阴极侧土壤 pH 变化趋势

不同处理下电动排水前后土壤的速效氮质量分数见图 3.25。可以看出，供试土壤速效氮质量分数约为 228 mg/kg，加 $FeCl_3$ 搅拌均匀并活化 24 h 后，速效氮质量分数均有所降低，在 210 mg/kg 左右，电动排水后土壤速效氮质

量分数略有增加，约为 220 mg/kg。可见，加 $FeCl_3$ 使土壤速效氮含量降低，电动排水一定程度上能提高土壤速效氮含量。这与句炳新等（2006）的研究结果规律一致，电动力学修复后，土壤速效氮含量平均增加 38.49%。

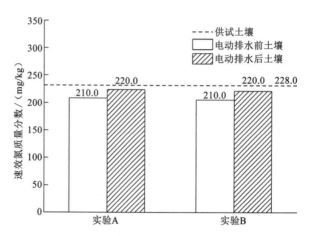

图 3.25    不同处理下电动排水前后土壤的速效氮质量分数

不同处理下电动排水前后土壤的速效磷质量分数见图 3.26。可以看出，供试土壤速效磷的质量分数约为 57 mg/kg，加 $FeCl_3$ 搅拌均匀并活化 24 h 后，速效磷含量均降低，约为 10 mg/kg，电动排水后土壤速效磷含量增加，在 21 mg/kg 左右。可见，加 $FeCl_3$ 使土壤速效磷含量降低，电动排水一定程度上能提高土壤速效磷含量。酸性土壤具有固磷作用，主要是 Fe 和 Al 化合物对 P 起固定作用（土壤学，2011）。句炳新等（2006）在研究黄棕壤 Cd 污染的电动修复及肥力的提升中发现，电动力学修复后，土壤速效磷含量平均增加 47.55%。

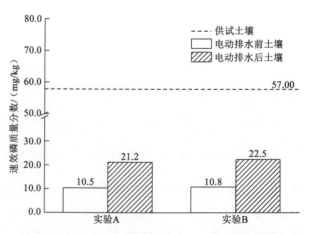

图 3.26    不同处理下电动排水前后土壤的速效磷质量分数

### 3. 电动排水 Cd、Fe、Cl 质量浓度

不同处理下土壤退出水中总 Cd、总 Fe、总 Cl 质量浓度见表 3.5。由表 3.5 可知，实验 A 的退出水中总 Cd、总 Fe、总 Cl 质量浓度分别为 1.02 mg/L、3.76 g/L 和 15.9 g/L，实验 B 退出水中总 Cd、总 Fe、总 Cl 质量浓度分别为 0.61 mg/L、2.71 g/L 和 10.8 g/L。可见，实验 B 中总 Cd、总 Fe、总 Cl 质量浓度更低，一方面是因为退出水的体积更少，另一方面，补加水提高了电极表面的电流密度，使得阴极电极表面吸附和沉淀的金属离子越多。

表 3.5 退出水中总 Cd、总 Fe 和总 Cl 的质量浓度

| 项目 | 总 Cd 质量浓度/（mg/L） | 总 Fe 质量浓度/（g/L） | 总 Cl 质量浓度/（g/L） |
|---|---|---|---|
| 实验 A | 1.02 | 3.76 | 15.9 |
| 实验 B | 0.61 | 2.71 | 10.8 |

## 3.3 小 结

本章系统研究了沟槽排水、毛细透排水和电动力学排水的强排性能，筛选出了适用于处理低渗透性农田土壤的电动排水技术，并对电动排水技术参数进行了优化，得出如下三点结论。

（1）比较了沟槽排水、毛细透排水带排水和电动排水等脱除土壤孔隙水及土壤 Cd 的性能，发现排水脱除 Cd 性能与排水性能成正相关的关系。基于三种排水方式的排水及排 Cd 性能表现排序，即电动力学排水＞毛细透排水＞沟槽排水，优选出孔隙水及土壤 Cd 的电动排水脱除技术模式。

（2）优化了通电方式（连续通电、间歇通电和提高电压法）、电压梯度（1 V/cm、2 V/cm、3 V/cm、4 V/cm）、含水率、电动时间（24 h、48 h、96 h、144 h）和电极间距（30 cm、50 cm、100 cm）等电动排水技术参数，结果显示，在电压梯度 2 V/cm、含水率补偿、电动时间 2 d、电极间距 50 cm 和间歇通电条件下，土壤有效态 Cd 含量降低 30%以上，且排 Cd 能效最高。

（3）在优化的活化–电动排水条件下，土壤各截面 pH 无明显差异，为 3.3～3.6，很大程度上避免了土壤 pH 偏极化效应；土壤有效态 Cd、Fe 和 Cl 的残留量与初始土壤的比值为 0.69、0.90 和 47.28，土壤其他理化性质变化不明显；排水体积 31.2 L/m²，退出水中总 Cd、总 Fe、总 Cl 质量浓度分别为 0.59 mg/L、2.59 g/L 和 10.5 g/L。

# 第 4 章

孔隙水电动导排去除农田土壤 Cd 的性能

完成农田重金属活化和孔隙水排水模式的优化后,选用 0.03 mol/L FeCl₃ +0.03 mol/L CaCl₂ 活化释放农田土壤 Cd,采用石墨 EKG 电极,系统考虑孔隙水的迁移、富集、储存和排放,研制基于土壤孔隙水电动导排的 EKG 修复装置,用于分离进入土壤孔隙水中的 Cd。当土壤颗粒结合的 Cd 被酸性活化剂溶解后,对土壤孔隙水进行快速导排,最大程度地分离土壤基质中的 Cd。为指导具体修复实践,本章依托新型 EKG 电动修复装置,开展田间原位试验,分析孔隙水的导排效率和土壤 Cd 去除性能、监测电动修复过程中的电极极化现象,评估电动修复后酸性活化剂的土壤残留影响。

# 4.1　材料与方法

## 4.1.1　试验点及试验土壤特性

原位 EKG 电动修复试验点位于湖南省某镇。因长期受工业污染影响,该试验点农田土壤重金属污染较为严重,污染土壤的总 Cd 含量大多超过了环境保护标准《食用农产品产地环境质量标准》(HJ/T 332—2006)中稻谷种植限值。该试验点具有亚热带季风气候特点,多年年均降水量 1 483.6 mm,主要降水集中在 4~7 月。该试验点位于我国典型的硫酸型酸雨区(Wang et al.,2011),酸性环境提高了土壤 Cd 的移动性和生物可利用性,稻米容易被 Cd 污染。该试验点土壤较高的活化态 Cd 含量,有利于开展 EKG 电动修复试验。

试验点农田表层 10 cm 土壤是主要耕作层,被翻耕机常年翻耕,而下层土壤几乎无扰动,因此,试验主要修复表层 10 cm 土壤。由于常年采用含 Cd 河水灌溉,受试土壤的总 Cd 质量分数达到 0.83~1.04 mg/kg,属于中重度污染,远远超过了环境保护标准(HJ/T 332—2006)。受大气酸沉降影响,试验区土壤为弱酸性,pH 介于 5.20~5.40。试验点土壤为沙壤土,沙、粉粒和黏土的质量分数分别为 50.1%,42.6%和 7.3%。

## 4.1.2　试验装置

试验采用自己研制的电动修复装置开展农田土壤重金属分离试验。试验装置包括三部分:电动修复单元、孔隙水储存单元和辅助单元(图4.1)。电动修复单元为三明治结构,EKG 电极为中间层,外部包裹两层穿孔有机玻璃板,用于固定、平整和保护 EKG 电极板。穿孔有机玻璃板外面覆盖了一层滤网，用于防止土壤颗粒侵入有机玻璃板。EKG电极的竖向导水槽负责收集土壤孔隙水，然后将其排入孔隙水储存单元。

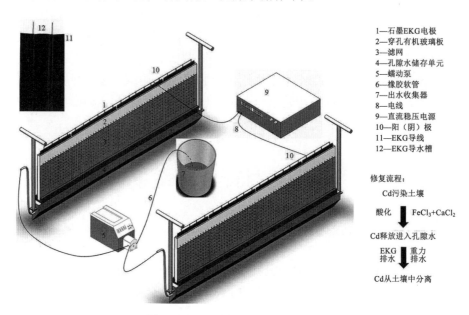

图 4.1　EKG 电极装置及修复流程

穿孔有机玻璃板、石墨 EKG 电极和滤网的长度和高度均相同，分别为 1.00 m 和 0.30 m，但厚度各异，分别为 3 mm、1 mm 和 0.5 mm。孔隙水储存单元用于收集和存储从孔隙水导水槽排入的孔隙水，同时避免土壤颗粒的侵入。辅助单元包括 TL–BT–600T 蠕动泵（最大转速 600 r/min）和 WYK–10020K 直流稳压电源（电压范围 0～100 V）。石墨 EKG 电极通过电线与直流稳压电源相连，孔隙水储存单元通过橡胶软管与蠕动泵相连，220 V 交流电为直流稳压电源和蠕动泵供电，石墨 EKG 电极上安装了电流计，用于记录电动过程中的电流强度。石墨 EKG 电极的双面均有竖向导水槽，属于通用性电极，因此既可用作阳极，也可用作阴极（图 4.1）。

EKG 电动修复流程如图 4.1 所示，施加直流电场后，土壤孔隙水和溶解态 Cd 逐步迁移至阴极附近，然后通过重力和电迁移，进入阴极附近的孔隙水储存单元。由于石墨 EKG 电极排水功能优异，阳极附近部分溶解态 Cd 和土壤孔隙水也会进入阳极附近的孔隙水储存单元。阳极和阴极孔隙水储存单元中的含 Cd 土壤孔隙水定期通过蠕动泵外排，达到从土壤中分离 Cd 的目标。

## 4.1.3　试验设计及运行

2017 年 5 月,通过田间试验研究了 EKG 电动修复 Cd 污染农田土壤的性能,设置了田间小试单元 A 和 B,A 和 B 尺寸相同,土层尺寸长×宽×厚为 1.50 m×0.86 m×0.25 m。每个小试单元采用防水布密封,用于试验期间切断外部土壤孔隙水的入侵路径(图 4.2)。电动修复试验具体设计见表 4.1,小试单元 A 不通电,用于测试重力排水对土壤 Cd 去除的贡献;小试单元 B 通直流电(电压 100 V),用于测试电迁移和重力排水的联合除 Cd 性能。

图 4.2　EKG 电动修复装置排水场景及电极排水图片

**表 4.1　小试单元 A 和 B 的电动修复试验设计**

| 单元 | 尺寸/m | 浸泡活化溶液 | 是否通电 | 通电模式 |
|---|---|---|---|---|
| A | 1.50×0.86×0.25 | 0.03 mol/L FeCl$_3$+0.03 mol/L CaCl$_2$ | 否 | —— |
| B | 1.50×0.86×0.25 | 0.03 mol/L FeCl$_3$+0.03 mol/L CaCl$_2$ | 是 | 12 h ON+12 h OFF+8 h ON |

田间小试单元的土壤初始含水率为 38%。前期研究表明,FeCl$_3$ 和 CaCl$_2$ 可有效提高土壤 Cd 的活性和生物可利用性(Makino et al.,2016;Kuo et al.,2006)。无论小试单元 A 还是 B,均采用 47.5 L,初始 pH 为 2.31 的 0.03 mol/L FeCl$_3$+0.03 mol/L CaCl$_2$ 混合溶液,对上部 10 cm 耕作层土壤进行充分和均匀浸泡。24 h 后,小试单元 A 和 B 土壤表层覆盖了高度约 0.6 cm 的土壤溶液。然后启用蠕动泵,抽排孔隙水储存单元,2 h 后,无论小试单元 A 还是 B,土壤表层无明水,因此,第一次排水可视作排放上覆水。此后,小试单

元 B 接通电源，出于节能和安全用电考虑，小试单元 B 采用间歇通电模式，白天通电 12 h，夜间停止通电 12 h，然后再通电 8 h。因此，小试单元 A 和 B 实际修复 32 h，通电 20 h。

## 4.1.4　采样及分析

整个试验期间，小试单元 A 和 B 中的孔隙水在 1 h、2 h、4 h、8 h、12 h、24 h、28 h 和 32 h 外排。阳极和阴极排放的土壤孔隙水，采用容积为 3 000 mL 的量杯和 500 mL 的量筒进行计量。上覆水和孔隙水主要测试 pH 和 Cd、Fe 和 Cl 的质量分数等参数。pH 采用便携式 HANNA pH 计测量，HF–HNO$_3$–HClO$_4$ 预处理后，水样中的 Cd 和 Fe 采用 AA–400 原子吸收分光光度计测定。Cl 采用 Shimadzu DGU–12A 离子色谱仪测定（Lin，2002）。试验开始后，小试单元 B 的电流采用电流计进行记录。

电动修复前后，采集 25 cm 土柱样品分析土壤 pH，和总 Cd、生物可利用性 Cd，总 Fe 和总 Cl 含量的剖面分布。对小试单元 A 和 B 来说，在其电极间距 0.5 m 范围内，距阳极 12 cm、阴极 12 cm 和中间位置均取一个柱状样。土柱样品随后分割为四层：0～5 cm、5～10 cm、15～20 cm 和 20～25 cm。土壤 pH 采用便携式 HANNA pH 计测量（$M_{土壤}$:$M_{水}$=1:2.5）土壤样品风干过 100 目筛后，采用 HF–HNO$_3$–HClO$_4$ 消解，然后采用 AA–400，PerkinElmer，USA 测定土壤总 Cd 含量。土壤生物可利用性 Cd 采用 DTPA（0.005 mol/L DTPA+0.01 mol/L CaCl$_2$+0.1 mol/L 三乙醇胺，pH7.3）在室温下提取（Baldantoni et al.，2009；Lindsay et al.，1978）。土壤 Cl 含量的测定，先将 0.25 g 筛分的土壤样品用 25 mL 去离子水浸提，然后在 3 500 r/min 下离心 3 min，上清液采用 Shimadzu DGU–12A 离子色谱仪测定。土壤剖面分布采用的 pH、总 Cd、DTPA–Cd、总 Fe 和总 Cl 含量为三个土柱的均值。

试验期间的电力消耗采用如下方程进行计算（Yuan et al.，2016）

$$E = \frac{1}{V_s} \int VIdt \qquad (4.1)$$

式中：$E$ 为单位体积土壤的电力消耗（kW·h/m$^3$）；$I$ 为电流强度（mA）；$V$ 为通电电压（V，本试验采用 100 V）；$t$ 为通电时间（h，本试验为 20 h）；$V_s$ 为修复土壤的体积（m$^3$，本试验为 0.129 m$^3$）。

所有的试验和检测均设置了重复，获得的试验数据包括排水体积、电流强度、排水 Cd、Fe、Cl 浓度和 pH，土壤总 Cd、DTPA–Cd、Fe、Cl 含量以及 pH 以均值给出。无论小试单元 A 还是 B，三个土柱中各土壤分层的 Cd、Fe 和 Cl 含量也以均值给出。

## 4.2　结果与讨论

### 4.2.1　脱水性能

新型 EKG 装置展示出了优异的脱水性能。2 h 之内，分别从小试单元 A 和 B 中快速脱除了 10.50 L 和 10.82 L 上覆水。土壤孔隙水的排放难度高于上覆水，但 EKG 电动修复装置依旧表现出色。如图 4.3 所示，经过 32 h 处理，小试单元 A 和 B 分别排放了 7.87 L 和 10.22 L 土壤孔隙水。此外，接近 75% 的孔隙水在初始 12 h 被导排，随后孔隙水排放效率开始呈下降趋势。

不通电时，阳极与阴极的孔隙水排放体积分布曲线几乎重合。引入直流电场后，孔隙水排放过程发生了改变，阴极和阳极分别排放了 6.61 L 和 3.61 L 土壤孔隙水（图 4.3），很明显，直流电场促进了孔隙水从阳极向阴极迁移。电能的消耗随着通电时间的延长也呈下降趋势，电流计测量的电流强度逐渐从 1.02 A 降至 0.22 A（图 4.4）。这表明，孔隙水排放量越大，能耗越高，整个试验期间，总电能消耗为 0.70 kW·h。

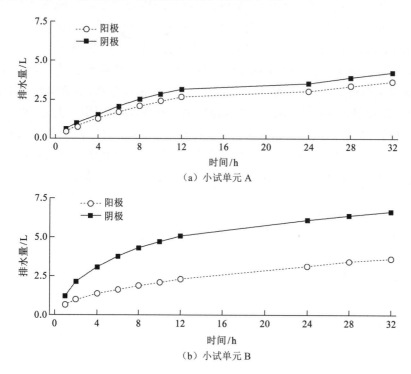

（a）小试单元 A

（b）小试单元 B

图 4.3　小试单元 A 和 B 的土壤孔隙水排放性能

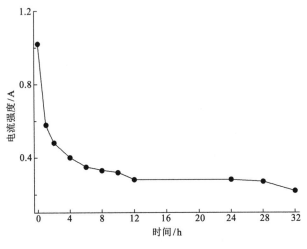

图 4.4　电流强度变化曲线

## 4.2.2　排水水质

试验期间,测定了排水 Cd、Fe 和 Cl 质量浓度。如图 4.5～图 4.7 所示,对仅靠重力排水的小试单元 A 来说,阳极与阴极的排水 Cd、Fe 和 Cl 质量浓度分布曲线无显著差异。整体来看,无论通电与否,随着试验时间的延长,排水 Cd、Fe 和 Cl 质量浓度均呈现出微弱的下降趋势。这表明,随着土壤孔隙水含量的下降,土壤溶解态 Cd、Fe 和 Cl 的迁移能力也呈下降趋势。直流电场的引入,改变了排水 Cd、Fe 和 Cl 质量浓度分布,如图 4.5～图 4.7所示,阳极排水 Cd、Fe 和 Cl 质量浓度明显高于相应的阴极排水浓度。对小试单元 B 来说,32 h 电动修复后,阳极和阴极排水 Cd 质量浓度分别为0.45 mg/L 和 0.32 mg/L。这说明,在电场作用下,土壤孔隙水从阳极向阴极的迁移可能在阴极产生了稀释效应,造成阴极排水 Cd 质量浓度偏低。

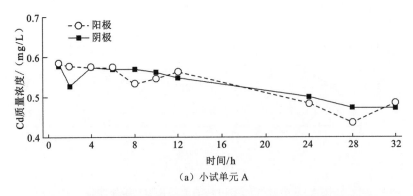

（a）小试单元 A

图 4.5　小试单元 A 和 B 的阳极与阴极排水 Cd 质量浓度变化曲线

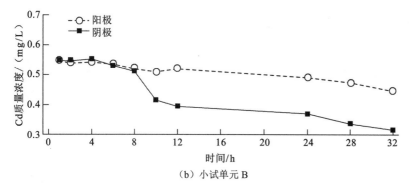

（b）小试单元 B

图 4.5　小试单元 A 和 B 的阳极与阴极排水 Cd 质量浓度变化曲线（续）

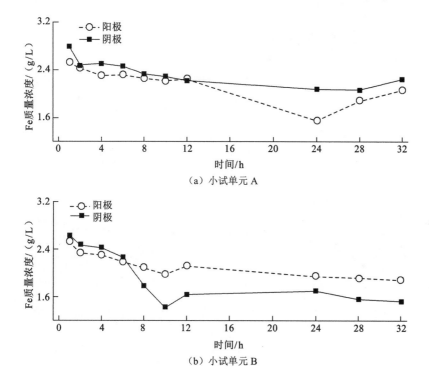

（a）小试单元 A

（b）小试单元 B

图 4.6　小试单元 A 和 B 的阳极与阴极排水 Fe 质量浓度变化曲线

　　pH 是传统电动修复工艺的重要技术控制参数。无论小试单元 A 还是 B，32 h 处理后，未观测到明显的电极极化现象。如图 4.8 所示，重力排水导致小试单元 A 的阳极与阴极排水具有相似的 pH 分布，排水 pH 从 2.47 缓慢升至 2.92。直流电场对阳极与阴极排水 pH 产生了不同的影响，阳极 pH 逐渐从 2.13 降至 1.69，阴极 pH 从 2.33 升至 2.75，这表明电动修复过程中，阳极与阴极发生了程度较弱的酸化与碱化现象。排水 pH 的差异反映了 Fe

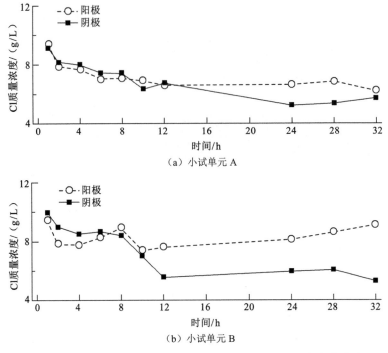

（a）小试单元 A

（b）小试单元 B

图 4.7　小试单元 A 和 B 的阳极与阴极排水 Cl 质量浓度变化曲线

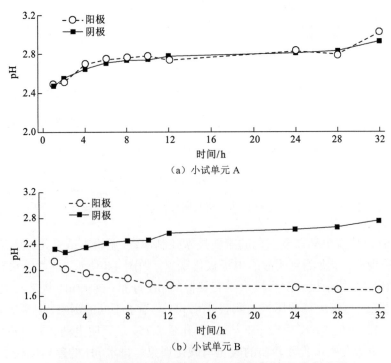

（a）小试单元 A

（b）小试单元 B

图 4.8　小试单元 A 和 B 的阳极与阴极排水 pH 变化曲线

离子的价态变化,阳极与阴极排水的颜色分别呈现出绿色与橙色(图 4.2),这意味着,阳极与阴极排水的 Fe 离子分别以 $Fe^{2+}$ 和 $Fe^{3+}$ 为主。

## 4.2.3　土壤 Cd 去除

电动修复过程中,为有效分离与去除土壤中的 Cd,维持 Cd 的活性至关重要(Tang et al.,2016)。电场作用下,pH 是调控土壤 Cd 溶解沉淀和吸附解吸最为重要的因素(Giannis et al.,2005)。研究表明,当 pH 低于 3.0 时,土壤 Cd 的提取效率可超过 60%(Giannis et al.,2010)。为了营造酸性环境和解离土壤中 Cd 等重金属,弱酸、螯合剂和表面活性剂等通常被用作配制电动修复前土壤或底泥的饱和溶液(Hahladakis et al.,2014)。本试验采用初始 pH 为 2.31,0.03 mol/L $FeCl_3$+0.03 mol/L $CaCl_2$ 的混合溶液饱和浸泡土壤 24 h,进而为解吸、溶解和迁移土壤基质中的 Cd 创造良好条件。$Fe^{3+}$ 和 $Ca^{2+}$ 可同土壤中羟化物、氢氧化物结合的 $Cd^{2+}$ 进行竞争与交换。相似的现象其他地方也有报道,酸性复合材料中引入 $CaCl_2$ 后,电动修除 Cd 效率大幅提升(Li et al.,2015;Kuo et al.,2006)。

0.03 mol/L $FeCl_3$+0.03 mol/L $CaCl_2$ 对耕作层土壤的浸泡,提高了活化态 Cd 含量。DTPA–Cd 可视作土壤中生物可利用性 Cd,24 h 浸泡后,表层 10 cm 土壤的 DTPA–Cd 质量分数增至 0.55 mg/kg,而未处理土壤的 DTPA–Cd 质量分数仅为 0.30 mg/kg。土壤中溶解性和活性 DTPA–Cd 质量分数的增加,有利于通过后续孔隙水导排分离与去除土壤中的 Cd。如表 4.2 所示,脱除上覆水和孔隙水一共从土壤中分离与削减了 0.66 mg 和 12.33 mg Cd。对小试单元 B 来说,采用直流电场后,通过孔隙是导排增加了 42.35%的土壤 Cd 去除。

表 4.2　电动脱除孔隙水去除土壤 Cd、Fe 和 Cl 的性能

| 参数 | | 小试单元 A | | 小试单元 B | |
| --- | --- | --- | --- | --- | --- |
| | | 阳极 | 阴极 | 阳极 | 阴极 |
| 总排水量/L | 上覆水[①] | 10.50±0.73 | | 10.82±0.68 | |
| | 孔隙水 | 4.22±0.14 | 3.65±0.21 | 6.61±0.32 | 3.61±0.18 |
| 总 Cd 去除/g | 上覆水 | 6.41±0.35 | | 6.28±0.19 | |
| | 孔隙水 | 2.28±0.12 | 1.97±0.20 | 4.19±0.13 | 1.86±0.24 |
| 总 Fe 去除/g | 上覆水 | 34.23±2.46 | | 31.70±1.92 | |
| | 孔隙水 | 10.07±1.37 | 8.04±0.91 | 23.97±1.26 | 7.81±1.03 |

续表

| 参数 | | 小试单元 A | | 小试单元 B | |
|---|---|---|---|---|---|
| | | 阳极 | 阴极 | 阳极 | 阴极 |
| 总 Cl 去除/g | 上覆水 | 117.04±5.26 | | 120.86±3.78 | |
| | 孔隙水 | 30.18±3.15 | 26.80±2.78 | 52.71±4.32 | 30.35±2.46 |
| 能耗[②]/kW·h | | — | | 0.70±0.12 | |

① 电动修复前,阳极与阴极排放的上覆水无明显差异,因此阳极与阴极排放的上覆水集中在一起收集;② 小试单元 A 不通电,上覆水与孔隙水外排过程的电能消耗忽略不计

　　试验结束后,表层土壤的 DTPA–Cd 质量分数明显低于浸泡刚结束时的 0.55 mg/kg。如图 4.9 所示,表层 10 cm 土壤的 DTPA–Cd 质量分数降至 0.38～0.49 mg/kg。然而,无论通电与否,小试单元 A 和 B 表层 15 cm 耕作层土壤的 DTPA–Cd 质量分数均高于未处理土壤的 DTPA–Cd 质量分数（图 4.9）。采用 FeCl₃ 浸泡酸化了土壤,表层 15 cm 土壤 pH 降至 2.42～3.83,显著低于未处理土壤的 5.50（图 4.10）。酸性土壤环境提高了土壤 Cd 的溶解性和活性,造成了土层中相对较高的 DTPA–Cd 质量分数。但是,与未处理土壤相比,15～25 cm 土层中 DTPA–Cd 质量分数未出现明显变化（图 4.9）,这说明,酸性浸泡和电动排水并未导致 Cd 向深层土壤的迁移和渗漏。

　　与小试单元 A 相比,直流电场改变了土壤 DTPA–Cd 质量分数的空间分布。如图 4.9 所示,阳极区土壤的 DTPA–Cd 质量分数比阴极区略高,小试单元 B 中,阳极与阴极附近表层 15 cm 土壤的 DTPA–Cd 平均质量分数分别为 0.45 mg/kg 和 0.41 mg/kg。土壤总 Cd 质量分数与 DTPA–Cd 质量分

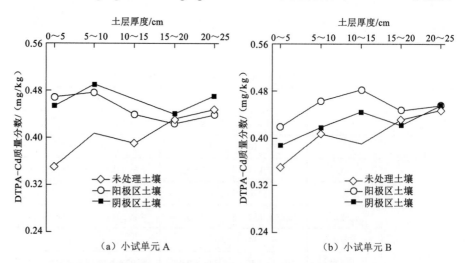

（a）小试单元 A　　　　　　　　　（b）小试单元 B

图 4.9　小试单元 A 和 B 修复后土壤 DTPA–Cd 质量分数剖面分布

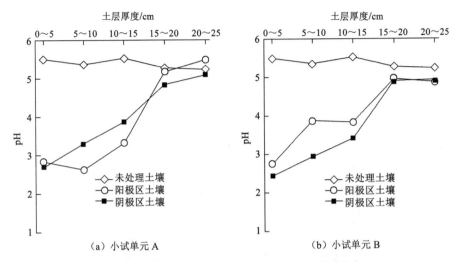

图 4.10　小试单元 A 和 B 修复后土壤 pH 剖面分布

数分布情况相似，土壤孔隙水的排放，分离和去除了一定数量的 DTPA–Cd，直接造成了上部 10 cm 土层中总 Cd 含量的下降。与未处理土壤相比，小试单元 A 和 B 表层 10 cm 土壤的总 Cd 质量分数从初始 0.79 mg/kg 分别降至 0.67 mg/kg 和 0.58 mg/kg（图 4.11），相应的降幅为 15.20% 和 26.58%。这表明，与单纯重力排水相比，通电后，重力排水与电迁移的共同作用使得土壤总 Cd 去除率提高了 74.87%。

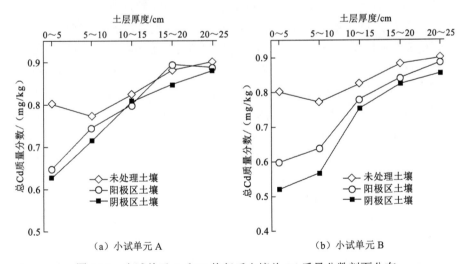

图 4.11　小试单元 A 和 B 修复后土壤总 Cd 质量分数剖面分布

　　对传统电动修复而言，重金属容易在阴极附近富集是造成该工艺难以现场应用的重要原因之一。绝大多数土壤溶解态 Cd 逐渐从阳极迁移至阴极，受阴极区较高的 pH 影响，与 Fe/Mn 氧化物结合，形成移动性较差的氢氧化物络合物或沉淀（Chen et al.，2015a）。另外，电极极化现象也是传统电动修复难以克服的常见问题，电极电解水反应产生的 $H^+$ 和 $OH^-$ 分别在阳极与阳极附近富集，造成阳极区 pH 快速降至 2～3，阴极区 pH 则升至 8～12（Virkutyte et al.，2002）。采用 EKG 电极后，有效解决了上述缺点，同时促进了土壤溶解态 Cd 随孔隙水迁移，进而改善了土壤 Cd 的分离去除性能。如图 4.10 所示，电动修复 32 h 后，阳极区和阴极区附近 15 cm 表层土壤的 pH 并未出现明显的上升或下降趋势，阳极与阴极的排水 pH 分别介于 2.44～3.40 和 2.75～3.83，电动修复过程中没有发生明显的 $H^+$ 和 $OH^-$ 富集，这是因为电动修复过程中，大部分电解水产生的 $H^+$ 和 $OH^-$ 通过 EKG 电极的竖向导水槽快速被排放，因此，电极排水的 pH 仅呈现了小幅变化。

新型 EKG 装置通过电迁移、电渗、反滤、孔隙对流与扩散等为土壤孔隙水和溶解态 Cd 从低渗透性土壤基质中分离提供了捷径。排水是土壤溶解态 Cd 去除的首要驱动力，土壤脱水性能与总 Cd 去除性能总体趋势保持一致（图 4.3 和图 4.5）。脱水量越大，土壤总 Cd 含量降幅越大。如表 4.2 所示，32 h 电动修复后，小试单元 A 和 B 分别排放了 18.37 L 和 21.04 L 土壤孔隙水，同步脱除了 10.66 mg 和 12.33 mg 土壤溶解态 Cd。此外，应用电场后，土壤孔隙水排放量仅增加了 29.86%，很明显，重力排水比电迁移和电渗排水的性能更加优异，尽管在农田土壤等细颗粒介质中，电渗流的流速比水力渗流高 100～10 000 倍（Glendinning et al.，2007）。

重金属污染土壤介质中，孔隙水与污染物的赋存、分布及运移密切相关，孔隙水迁移能力十分重要。电动修复过程中，土壤孔隙水含量与 Cd 去除性能间关系密切。从图 4.4 可看出，随着电动修复时间的增加，电流强度呈现出下降趋势，导致这一现象的原因可能是持续排水降低了土壤孔隙水离子强度，增加了土壤电阻，相似现象在其他 EKG 电动修复研究中也有报道（Lamont-Black et al.，2015；Jones et al.，2011）。此外，尽管表层 10 cm 农田土壤被 0.03 mol/L $FeCl_3$+0.03 mol/L $CaCl_2$ 浸泡了 24 h，但电动修复 32 h 后，并未出现明显的土壤溶解态 Cd 向深层土壤渗漏与迁移。如图 4.9 和图 4.11 所示，除电动修复过程中不可避免扰动和接触的表层 10 cm 及其相邻 10～15 cm 土层外，无论小试单元 A 还是 B，20 cm 以下土层的总 Cd 和 DTPA-Cd 含量，均与未处理土壤之间无显著差异。造成这一现象的可能原因包括：①下层长期未耕作的低渗透性土壤阻碍了溶解态 Cd 向下渗漏；②新型 EKG 装置为表层 10 cm 土壤中的孔隙水导排提供了捷径，降低了孔隙水及溶解态 Cd 向下渗漏的概率。

## 4.2.4　土壤 Fe 和 Cl 残留

孔隙水排放去除了绝大多数外源加入的 Fe 和 Cl。如表 4.3 所示，对小试单元 A 和 B 来说，上覆水与孔隙排放一共去除了 52.34 g 和 63.48 g Fe，165.50 g 和 203.91 g Cl。与初始加入量进行物料平衡分析后发现，土壤 Fe 和 Cl 的残留水平为 20%～35%。总体来看，孔隙水排放量越大，土壤中 Fe 和 Cl 残留量越小。与小试单元 A 相比，小试单元 B 中土壤 Fe 和 Cl 残留率偏低 15% 左右（表 4.3）。与未处理土壤相比，土壤 Fe 残留水平较低，表层 15 cm 土壤中 Fe 含量略有提高（图 4.12）。然而，土壤 Cl 残留较为显著，表层 10 cm，特别是表层 5 cm 土壤 Cl 含量增加明显。与未处理土壤相比，残留导致土壤 Cl 含量增加了 2～4 倍（图 4.13）。

电场作用下，土壤孔隙水从阳极向阴极迁移（Jones et al., 2011），阴极排水去除的 Fe 和 Cl 多于阳极。外源性加入 $FeCl_3$ 和 $CaCl_2$ 促进了电动修复进程，但却不可避免地造成了 Fe、Ca 和 Cl 的残留。在试验点，石灰常被来改善农田土壤的酸性环境，因此，一定程度上的 Ca 残留是有益的。电动排水除 Cd 过程中，新型 EKG 装置能够分离和去除一定量的 Fe 和 Cl。如表 4.3 所示，对小试单元 A 和 B 来说，土壤孔隙水导排可以去除 52.34 g 和 63.48 g 的 Fe 以及 165.50 g 和 203.91 g 的 Cl，Fe 和 Cl 的残留率分别为加入量的 20.45%～34.41% 和 19.37%～34.56%。与未处理土壤相比，电动修复结束后，土壤 Fe 和 Cl 的含量分别增加了 4.33%～7.59% 和 139%～172%，外源性添加低浓度的 $FeCl_3$ 和 $CaCl_2$ 造成了程度不高的土壤 Fe 和 Cl 残留。

表 4.3　小试单元 A 和 B 中土壤的 Fe 和 Cl 平均残留

| 平均残留 | | A | B |
| --- | --- | --- | --- |
| Fe | 投加量/g | 79.80 | 79.80 |
| | 脱除量/g | 52.34 | 63.48 |
| | 残留量/g | 27.46 | 16.32 |
| | 残留率/% | 34.41 | 20.45 |
| Cl | 投加量/g | 252.90 | 252.90 |
| | 脱除量/g | 165.50 | 203.91 |
| | 残留量/g | 87.40 | 48.99 |
| | 残留率/% | 34.56 | 19.37 |

注：脱除量是上覆水和孔隙水外排的总和

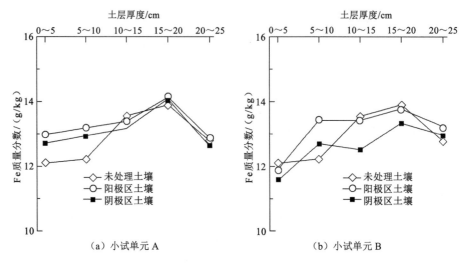

图 4.12　小试单元 A 和 B 修复后土壤 Fe 质量分数剖面分布

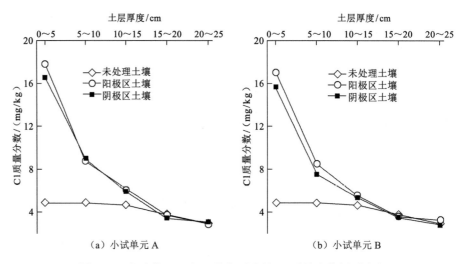

图 4.13　小试单元 A 和 B 修复后土壤 Cl 质量分数剖面分布

土壤 Fe 含量的增加将导致电动过程中能耗的增加，这是因为 Fe 的电迁移也需要电能投入。研究表明，电动修复过程中，Fe 的迁移去除能耗占总能耗的 40%以上（Yuan et al.，2017）。然而，一定程度的 Fe 残留有助于抑制水稻在生长季节吸收生物可利用性 Cd。傅友强等（2010）研究指出，土壤 Fe 可以在水稻根区或根系表面形成铁膜，铁膜可促进营养盐的吸收和减缓重金属的毒性。本试验中，经过 32 h 的电动修复处理，表层 10 cm 土壤的 pH 达到 2.44～3.87，这种酸性环境有利于 Cl 和 Cd 等重金属形成络合物，进而促进 Cd 的迁移（Kuo et al.，2006）。尽管 Cl 残留导致表层土壤 Cl

质量分数接近 10 mg/kg,但仍远低于水稻生长的 Cl 质量分数阈值 800 mg/kg（程明芳 等,2010）。最后,Fe 和 Cl 的残留能改善酸性环境下土壤重金属的迁移性能（Iannelli et al.,2015;Zhou et al.,2005）,这为延长电动修复或重复电动修复创造有利条件。

## 4.2.5　现场应用潜力

电动修复是污染农田土壤治理的创新技术,尽管大规模应用较为稀缺,但电动修复已广泛开展了实验室尺度和田间小试规模的研究。重金属在阴极区附近的富集是导致电动修复工艺难以大规模现场应用的主要瓶颈之一。本试验中,通过 EKG 电动修复装置 32 h 的处理,土壤总 Cd 质量分数降幅达到了近 30%,但该效率低于室内模拟实验报道的 58%～98%（Missaoui et al.,2016;Yuan et al.,2016;Almeira et al.,2012）。造成这一现象的原因包括:①室内模拟实验的重金属去除效率因尺度效应可能被过高估计,大多数电动修复室内实验采用少量筛分后的人工污染土壤颗粒,较高的外源性添加 Cd 含量和均匀土壤特性有助于获得较高的土壤 Cd 去除效率;②传统电动修复通常持续数天甚至数年（Missaoui et al.,2016;刘慧 等,2016;Virkutyte et al.,2002）,电动修复时间远长于本试验的 32 h,长时间的电动修复处理有助于获得较高的 Cd 去除效率;③传统电动修复过程中,超过60% 的重金属在电解液中沉淀或在阴极区附近富集沉积（Almeira et al.,2012）,因此未能反映土壤 Cd 的真实去除性能。对现场原位电动修复而言,本试验获得的 30% 土壤总 Cd 含量降幅,仍高于 Chen 等（2015b）报道的18% 土壤总 Cd 含量降幅,其主要采用微生物燃料电池为电动修复提供能源供应。

新型 EKG 装置展示出了良好的节能优势。通过孔隙水排放分离土壤基质中的 Cd、Fe 和 Cl 消耗的全部电能不到 0.70 kW·h（图 4.4 和表 4.2）。对传统电动修复来说,大量消耗电能限制了电动修复工艺的工程应用（Cang et al.,2011）。Ho 等（1997）将电动修复的成本细分为四部分,排第二位的是电能及材料,共占到成本的 27%～32%。传统电动修复工艺在处理重金属污染土壤时,电能消耗范围为 38～1 264 kW·h/m³ 土壤（Yuan et al.,2017;Yuan et al.,2016;Cang and Zhou,2011;Virkutyte et al.,2002）,这个数值远高于本试验的 0.70 kW·h/m³。对 EKG 而言,电动脱除细颗粒介质如软性高岭土中的水分时,1 000 t 土能耗通常为 0.9～4.66 kW·h（Fourie et al.,2010;Jones et al.,2002）。由此可见,本试验能耗相对较低,主要原因为:①电动时间短,总修复时间不到 2 d;②间歇通电,与连续通电相比,间歇通电(12 h ON/12 h OFF)可以节约 54.74%的总能耗(Yuan et al., 2017)。

新型 EKG 装置具有明显的现场应用潜力。首先,土壤中 Cd 等重金属可以通过孔隙水的有效导排被直接和彻底分离,这与传统电动修复仅将重金属在阴极区富集和沉积有很大不同(Almeira et al., 2012)。因此,新型 EKG 装置可以为重金属污染农田土壤修复的治本提供技术支持。其次,快速和优异的脱水性能避免了电极附近 $H^+$ 和 $OH^-$ 的大量聚集,因此成功解决了阳极酸化腐蚀,阴极 pH 升高、土壤碱化和重金属沉积等难题(Glendinning et al., 2007)。此外,新型 EKG 装置有效整合了电极、孔隙水收集和储存,为现场应用提供了便利条件,克服了传统电动修复无法收集孔隙水、安装难和现场应用时需要维持大量电极阵列等不足(Fourie et al., 2010)。最后,新型 EKG 电动修复与农作物种植过程无缝衔接,$FeCl_3$ 和 $CaCl_2$ 饱和农田土壤可在泡田期开展,种植间歇期短暂电动修复后,即可进入作物种植期,不影响正常农作。

EKG 电动修复对土壤环境的负面影响整体可控。采用新型 EKG 装置修复 Cd 污染农田土壤,将会造成土壤理化特性的改变,Roach 等(2009)研究发现,电动修复后土壤颗粒形貌的变化微乎其微。外源性加入 Fe 和 Cl 的残留可以通过延长电动时间或重复电动修复降低至可接受水平,适度残留的 Fe 可以形成根际铁膜阻止作物吸收 Cd(Fu et al., 2010)。最后,EKG 电动修复造成了一定的 Cd、Fe、Cl 和土壤营养盐的外排和流失,但可通过以下途径回用 Fe 和 Cl,并回收土壤流失的营养盐:①在 pH3.0 附近沉淀去除排水中的 Fe(Kaksonen et al., 2014),然后在 pH8.0 附近沉淀上清液中的 Cd(Chen et al., 2017)。②Fe 沉淀和残留的 Cl 可在下次电动修复过程中,用于浸泡土壤和解离土壤结合态 Cd。当分离了 Cd、Fe 和 Cl 后,排水中的土壤营养盐可在电动修复结束后用作灌溉用水,这可在一定程度上弥补孔隙水排放导致的土壤营养盐流失。

# 4.3　小　　结

(1)田间试验结果表明,新型 EKG 装置是一种有效的土壤原位电动修复装置,可以直接分离与去除农田土壤中 Cd 等污染物。0.03 mol/L $FeCl_3$+0.03 mol/L $CaCl_2$ 饱和浸泡 24 h 后,32 h 的电动修复可以分离与去除土壤 30%的总 Cd。该技术展示出了省时、节能和大规模现场应用的潜力。

(2)通过重力与电迁移有效排放土壤孔隙水是分离与去除土壤 Cd 的

主要驱动力,孔隙水的快速排放避免了传统电动修复中阴极 Cd 富集沉积的发生。

（3）孔隙水导排缓解了 $H^+$ 和 $OH^-$ 在电极附近的富集概率与水平, 32 h 电动修复后, 阳极与阴极附近表层 10 cm 土壤 pH 分别降低了 0.30 和增加了 1.20; 新型 EKG 电动修复装置有效避免了阳极酸化腐蚀和阴极的强碱化。

（4）外源性添加 $FeCl_3$ 和 $CaCl_2$ 促进了土壤中生物可利用性 Cd 的解离与释放, 但造成了整体可控的土壤 Fe 和 Cl 残留。土壤残留的 Fe 和 Cl 可通过延长电动时间或重复电动次数进一步削减。排水中 Fe 和 Cl 可在分离有害重金属如 Cd 等后再次回用, 进行电动修复前的土壤浸泡。

第 5 章

孔隙水电动导排去除农田土壤 Cd 的影响因素

土壤含水率和电压梯度显著影响孔隙水迁移的速率与体积,因此被视作决定电迁移和电泳过程的关键因素。已有电动修复研究结果表明,土壤含水率影响土壤颗粒结合 Cd 的溶解速率和迁移效率(Lamont-Black et al.,2015; Lukman et al., 2013)。土壤含水率还与电流强度密切相关,提高土壤含水率将导致电流强度增加,促进孔隙水和 $Cd^{2+}$ 等污染物的迁移(Cherifi et al., 2009)。通常来说,电流强度越大,电渗流越多,然而电渗流与电压梯度间并非线性关系(Cameselle, 2015)。目前,关于土壤含水率与电压梯度对 EKG 电动排水去除农田土壤重金属的影响鲜见报道。由于 EKG 排水性能优异,当采用 EKG 进行电动修复后,农田土壤含水率将快速下降,因此充足的孔隙水和适宜的电压梯度对经济高效地电动去除农田土壤 Cd 十分重要。为有效分离农田土壤中的 Cd,本章继续采用新型 EKG 电动修复装置,开展田间原位试验,分析不同电压梯度下孔隙水的导排效率,评估补水和电压梯度改变对土壤 Cd 去除性能的影响,比较电动修复前后土壤 pH、营养物质含量及酸性活化剂的残留水平等。

# 5.1　材料与方法

## 5.1.1　试验设计及运行

试验点及试验土壤特性同 4.1.1 小节。试验装置同 4.1.2 小节。2017 年 7 月,通过田间试验研究了土壤含水率与电压梯度对 EKG 电动修复 Cd 污染农田土壤性能的影响(表 5.1)。设置了尺寸完全相同的田间小试单元 A、B、C 和 D,电极间距分别为 1.0 m、2.0 m、1.0 m 和 0.5 m。每个小试单元采用相同的电动修复装置,通过防水布密封至 0.25 m 的土层深度,用于试验期间切断外部土壤孔隙水的入侵路径(图 4.2)。所有电动修复装置均插入相同土层深度,石墨 EKG 电极有效接触的土层深度为 0.15 m。试验期间,小试单元 A 不补水,小试单元 B、C 和 D 在孔隙水单元完成排水后,补充一定的水量。小试单元 A、B、C 和 D 的电压梯度分别为 1.0 V/cm、0.5 V/cm、1.0 V/cm 和 2.0 V/cm。

田间小试单元的土壤初始含水率为 38%。前期预实验对土壤活化剂及其浓度进行了优选,结果发现,$FeCl_3$ 和 $CaCl_2$ 混合溶液可有效解离土壤 Cd,并缓解对土壤环境的酸化效应。对每个小试单元,电动修复前均采用 47.5 L,初始 pH 为 2.31 的 0.03 mol/L $FeCl_3$+0.03 mol/L $CaCl_2$ 混合溶液,对上部 10 cm 耕作层土壤进行充分和均匀浸泡。24 h 后,四个小试单元土壤表层无

**表 5.1　电动修复试验设计**

| 小试单元 | 电极间距/m | 电压梯度/（V/cm） | 补水情况/（L/d） | 通电模式 | 通电时间/d |
|---|---|---|---|---|---|
| A | 1.0 | 1.0 | 否 | 12 h 开+12 h 关 | 4 |
| B | 2.0 | 0.5 | 8 | 12 h 开+12 h 关 | 7 |
| C | 1.0 | 1.0 | 4 | 12 h 开+12 h 关 | 7 |
| D | 0.5 | 2.0 | 2 | 12 h 开+12 h 关 | 7 |

注：所有小试单元电动修复前，采用 0.03 mol/L FeCl$_3$+0.03 mol/L CaCl$_2$ 浸泡 24 h

明水。然后接通电源，开展电动修复试验，出于节能和安全用电考虑，采用间歇通电模式，每个小试单元白天通电 12 h，夜间停止通电 12 h。

## 5.1.2　采样及分析

整个试验持续了 7 d，中途没有降雨。各小试单元的孔隙水每天抽排 2 次，分别是电动修复试验开始前与结束后。对小试单元 A 来说，4 d 后几乎无孔隙水外排，试验随后终止。对小试单元 B、C 和 D 来说，每天电动修复试验结束后，分别补充 4 L、2 L 和 1 L 灌溉水，补水的 Cd 浓度较低，不足 0.05 μg/L。在人工搅拌下，补充的水分缓慢、均匀和自动地渗入土层。阳极和阴极排放的土壤孔隙水，采用容积为 3 000 mL 的量杯和 500 mL 的量筒进行计量。电极排水主要测试 pH 和 Cd 等参数。pH 采用便携式 HANNA pH 计测量，HF–HNO$_3$–HClO$_4$ 预处理后，水样中的 Cd 和 Fe 采用 AA–400 原子吸收分光光度计测定。Cl 采用 Shimadzu DGU–12A 离子色谱仪测定（Lin，2002）。试验开始后，各小试单元的电流采用电流计进行记录。

电动修复前后，采集 25 cm 土柱样品分析土壤 pH、Cd、生物可利用性 Cd、Fe、Cl、可利用性氮（available nitrogen，AN）和可利用性磷（available phosphorus，AP）含量的剖面分布。对各个小试单元来说，在距阴极 1/4、2/4、3/4 和 4/4 处均取一个柱状样。小试单元 A 无扰动，其土柱样品分割为四层：0～5 cm、5～10 cm、15～20 cm 和 20～25 cm。补水扰动了小试单元 B、C 和 D，其土柱样品分割为两层：0～15 cm 和 15～25 cm。土壤 pH 采用便携式 HANNA pH 计测量（$M_\pm$:$M_水$=1:2.5）。土壤样品风干过 100 目筛后，采用 HF–HNO$_3$–HClO$_4$ 消解，然后采用 AA–400，PerkinElmer，USA 测定土壤 Cd 和 Fe 含量。土壤生物可利用性 Cd 采用 DTPA（0.005 mol/L DTPA+0.01 mol/L CaCl$_2$+0.1 mol/L 三乙醇胺，pH7.3）在室温下提取（Baldantoni et al.，2009；Lindsay et al.，1978）。土壤 Cl 含量的测定，先将 0.25 g 筛分的土壤样品用 25 mL 去离子水浸提，然后在 3 500 rpm 下离心 3 min，上清液

采用 Shimadzu DGU–12A 离子色谱仪测定。土壤剖面分布采用的 pH、Cd、DTPA–Cd、Fe 和 Cl 含量为三个土柱的均值。土壤 AN 和 AP 参照 Peng 等（2016）文献中的方法测定。

试验期间的电力消耗采用式（4.1）进行计算（Yuan et al., 2016）。

所有的试验和检测均设置了重复，样品测试用到的仪器均通过了国家质量检验，水样和土样中 Cd 浓度的最低检测限分别为 0.05 μg/L 和 0.002 mg/L，参考物质与标准试剂用于质控。试验获得的数据包括排水体积、电流强度、排水 Cd 浓度和 pH，土壤 Cd、DTPA–Cd、Fe、Cl、AN 和 AP 含量以及 pH 以均值给出。此外，小试单元 B、C 和 D 的土柱中各土壤分层的 Cd、Fe、Cl、AN 和 AP 含量也以均值给出。土柱中 Cd 和 DTPA–Cd 含量分布，以及土壤 Cd 去除量与排水 pH 间的相关关系均通过 Origin 8.0 分析。

# 5.2　结果与讨论

## 5.2.1　Cd 去除特征

土壤 Cd 去除量与孔隙水脱除能力密切相关。孔隙水导排对分离土壤基质中溶解态 Cd 十分有效。整个试验期间，小试单元 A、B、C 和 D 共导排 24.40 L、85.46 L、63.45 L 和 47.55 L 孔隙水。试验结果证实，向土壤补充灌溉水有效提高了孔隙水脱除量。不补水的小试单元 A 电动修复 4 d 后已无孔隙水外排；由于持续的间歇性补水，小试单元 B、C 和 D 经过 7 d 的电动修复，仍可导排大量的土壤孔隙水。电压梯度显著影响孔隙水导排性能，电压梯度越大，孔隙水导排量越高（图 5.1），当电压梯度从 0.5 V/cm 增加至 2.0 V/cm 后，土壤孔隙水脱除能力从 42.73 L/m² 提高到 95.1 L/m²。

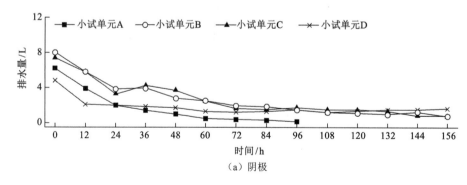

图 5.1　阴极和阳极排水性能

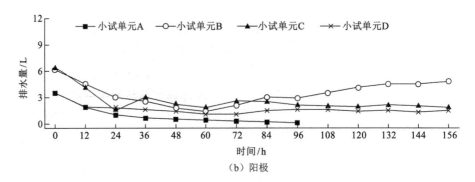

（b）阳极

图 5.1 阴极和阳极排水性能（续）

直流电场促进了土壤孔隙水从阳极向阴极迁移（Jones et al., 2008）。对小试单元 A 来说，在重力排水与电渗流的共同作用下，阴极排水量明显多于阳极。对小试单元 B、C 和 D 来说，72 h 电动修复后，阳极比阴极展示出更为强劲的排水能力。造成这一现象的原因可能是间歇性补水和及时的孔隙水导排减少了 $H^+$，提高了阴极区土壤的 pH（图 5.2），当土壤 pH 超过 3.0 以后，阴极区容易产生氢氧化铁沉淀（Kaksonen et al., 2014）。受此影响，新生成的沉淀堵塞了 EKG 导水槽，削弱了阴极的孔隙水导排能力。

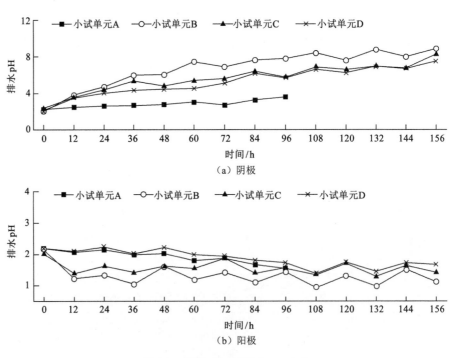

（a）阴极

（b）阳极

图 5.2 阴极和阳极排水 pH 变化

　　试验期间,阳极与阴极的排水 Cd 浓度差异较大。对每个小试单元来说,阴极排水 Cd 浓度随电动修复时间的延长呈下降趋势,如图 5.3 所示,经过 96 小时处理后,阴极排水的 Cd 浓度可忽略不计,低于 0.02 mg/L。然而,阳极排水 Cd 浓度持续保持高水平,一直高于 0.20 mg/L。整个试验期间,小试单元 A、B、C 和 D 一共从土壤基质中分离和去除了 6.13 mg、14.29 mg、11.90 mg 和 8.15 mg Cd。对不补水的小试单元 A 来说,阴极排水 Cd 浓度高于阳极 (图 5.4),然而,随着电动修复时间的延长,小试单元 B、C 和 D 阳极排水浓度开始高于阴极,并呈稳定增长态势 (图 5.4)。pH 控制着土壤 Cd 的溶解性和移动性,当排水 pH 高于 3.0 时,几乎无 Cd 从孔隙水中外排。阴极排水 pH 的持续增加和排水量的不断减少是阴极区排 Cd 量递减的主要原因。

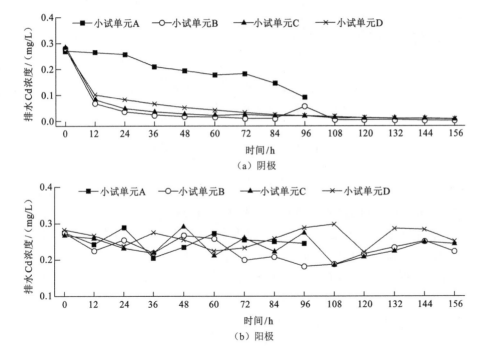

图 5.3　阴极和阳极排水 Cd 浓度变化

　　Hahladakis 等 (2014) 指出,施加直流电场有助于促进土壤溶解性和可移动性的 $Cd^{2+}$ 从阳极向阴极迁移,然而,由于排水 pH 的增加,大量的 Cd 以沉淀的形式在阴极区富集。本试验中,pH 的增加导致阴极排水 Cd 浓度显著低于阳极排水 (图 5.3)。补充孔隙水和增加电压梯度均有利于通过孔隙水导排去除土壤溶解态 Cd。在电场作用下,由于 $Cd^{2+}$ 和土壤孔隙水的迁移方向一致,小试单元 A 的绝大多数 Cd 去除发生在阴极 (图 5.4)。在相

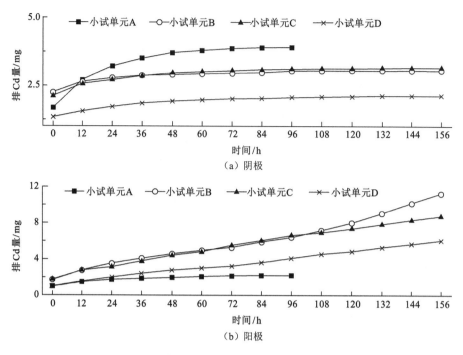

图 5.4　阴极和阳极排 Cd 量

同的电压梯度下，补充孔隙水将增加土壤溶解态 Cd 的迁移能力，因此小试单元 C 的 Cd 去除性能优于小试单元 A（图 5.4）。提高电压梯度有利于分离土壤基质中的溶解态 Cd，当电压梯度从 0.5 V/cm 逐步提高至 2.0 V/cm 后，土壤 Cd 去除能力从 7.14 mg/m$^2$ 增加至 16.28 mg/m$^2$。

补水将增加土壤含水率，进而改善土壤基质中 Cd 的扩散与迁移性能（Cherifi et al.，2009）。因此，补水将为孔隙水电动导排分离土壤基质中的 Cd 提供便利条件。向土壤补充灌溉水还将增加孔隙水的离子强度，强化电渗流，促进孔隙水中 Cd$^{2+}$ 的迁移。重复补充灌溉水可以逐步溶解和释放吸附在土壤颗粒上的 Cd，然后通过孔隙水导排被彻底去除。因此，补水有利于土壤中金属离子在电迁移作用下朝着阴极迁移富集。

提高电压梯度对从土壤基质中分离 Cd 具有积极作用。随着电场强度的增加，电渗流的速度与流量也呈上升趋势，但电渗流与电压梯度间并非呈线性关系（Mena et al.，2016；Cameselle，2015）。研究表明，当电压梯度为 0.5 V/cm、1.0 V/cm 和 1.5 V/cm 时，第一周电渗流量非常小（Cameselle et al.，2015），因此，与电渗流相比，重力排水与电迁移才是土壤 Cd 去除的主要驱动力。总体来看，电场强度越大，Cd 迁移能力越强，孔隙水排水量越多，土壤 Cd 分离效果越好。

## 5.2.2　土壤 Cd 赋存及生物可利用性变化

研究表明,当 pH 低于 3.0 时,土壤 Cd 的提取效率可超过 60%(Giannis et al.,2010)。本试验采用初始 pH 为 2.31,0.03 mol/L $FeCl_3$+0.03 mol/L $CaCl_2$ 的混合溶液饱和浸泡土壤 24 h,进而为解吸、溶解和迁移土壤基质中的 Cd 创造良好条件。$Fe^{3+}$ 和 $Ca^{2+}$ 可同土壤中羟化物、氢氧化物结合的 $Cd^{2+}$ 进行竞争与交换,受此影响,24 h 浸泡后,土壤 DTPA–Cd 质量分数从修复前的 0.35 mg/kg 增加至 0.55 mg/kg,为后续电动分离土壤溶解态 Cd 提供了便利。新型 EKG 修复装置有利于孔隙水和 $H^+$ 导排,这在一定程度上造成了阴极和阳极区土壤 pH 的升高。电动修复结束后,阴极区土壤的 pH 平均值范围为 3.65~4.44(表 5.2),高于阳极区土壤 pH。Giannis 等(2005)报道了相似的结论,指出孔隙水的导排可以缓解传统电动过程中的电极快速极化问题。

表 5.2　电动修复后阴极区土壤 pH

| 小试单元 | 活化前 | 电动修复前 | 电动修复后 | |
| --- | --- | --- | --- | --- |
| | | | 阳极区 | 阴极区 |
| A | 5.50±0.08 | 2.31±0.03 | 2.04±0.04 | 3.65±0.06 |
| B | 5.52±0.06 | 2.36±0.04 | 3.24±0.03 | 4.06±0.05 |
| C | 5.57±0.03 | 2.33±0.03 | 3.34±0.06 | 4.15±0.04 |
| D | 5.54±0.05 | 2.34±0.05 | 3.96±0.07 | 4.44±0.08 |

注:所有小试单元电动修复前采用 0.03 mol/L $FeCl_3$+0.03 mol/L $CaCl_2$ 活化 24 h

对传统电动修复来说,绝大多数土壤溶解态 Cd 逐渐从阳极迁移至阴极,受阴极区较高的 pH 影响,与 Fe-Mn 氧化物结合,形成移动性较差的氢氧化物络合物或沉淀(Chen et al.,2015a)。新型 EKG 电动修复装置克服了这个不足,通过孔隙水导排促进了土壤溶解态 Cd 的迁移和去除,因此有利于 Cd 从土壤基质中的分离。如图 5.5 所示,对无扰动的小试单元 A 来说,表层 15 cm 土壤中的总 Cd 和 DTPA–Cd 分布较为均匀,阳极区附近的土壤没有明显的 Cd 富集现象。

对小试单元 A、B、C 和 D 来说,表层 15 cm 土壤的总 Cd 和 DTPA–Cd 质量分数明显低于 15~25 cm 土壤 Cd 质量分数(表 5.3)。与未处理土壤相比,通过 7 d 的电动修复,小试单元 A、B、C 和 D 土壤的总 Cd 质量分数分别下降了约 29.63%、25.93%、38.27% 和 41.98%。当电压梯度均为 1 V/cm 时,补充灌溉水促进了溶解态 Cd 的释放与迁移,电动修复后,小试单元 C

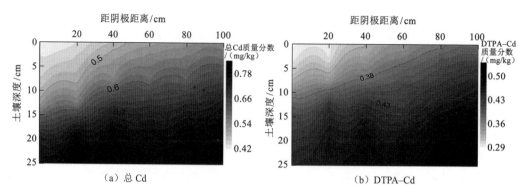

（a）总 Cd　　　　　　　　　　　　　（b）DTPA–Cd

图 5.5　小试单元电动修复后土壤总 Cd 与 DTPA–Cd 质量分数的剖面分布

表 5.3　电动修复前后土壤理化性质

| 处理情况 | 0～15 cm 土层 | | | | | |
| --- | --- | --- | --- | --- | --- | --- |
| | Cd 质量分数平均值/（mg/kg） | DTPA–Cd 质量分数平均值/（mg/kg） | Fe 质量分数平均值/（g/kg） | Cl 质量分数平均值/（g/kg） | AN 质量分数平均值/（g/kg） | AP 质量分数平均值/（mg/kg） |
| 电动修复前 | 0.81±0.03 | 0.43±0.05 | 9.57±0.14 | 0.06±0.01 | 0.23±0.06 | 54.78±4.27 |
| 小试单元 A | 0.57±0.04 | 0.39±0.02 | 12.33±0.12 | 0.35±0.02 | 0.20±0.04 | 23.95±2.17 |
| 小试单元 B | 0.60±0.02 | 0.39±0.03 | 12.48±0.09 | 0.37±0.04 | 0.19±0.02 | 25.69±2.42 |
| 小试单元 C | 0.50±0.05 | 0.36±0.01 | 12.15±0.08 | 0.33±0.03 | 0.20±0.03 | 23.27±3.16 |
| 小试单元 D | 0.47±0.03 | 0.33±0.02 | 11.35±0.11 | 0.28±0.03 | 0.19±0.01 | 20.69±1.89 |
| 处理情况 | 15～25 cm 土层 | | | | | |
| | Cd 质量分数平均值/（mg/kg） | DTPA–Cd 质量分数平均值/（mg/kg） | Fe 质量分数平均值/（g/kg） | Cl 质量分数平均值/（g/kg） | AN 质量分数平均值/（g/kg） | AP 质量分数平均值/（mg/kg） |
| 电动修复前 | 0.80±0.05 | 0.49±0.04 | 9.94±0.13 | 0.09±0.01 | 0.22±0.02 | 41.48±3.24 |
| 小试单元 A | 0.79±0.03 | 0.49±0.02 | 10.51±0.15 | 0.28±0.03 | 0.19±0.01 | 39.78±2.56 |
| 小试单元 B | 0.81±0.04 | 0.50±0.03 | 9.98±0.12 | 0.34±0.04 | 0.18±0.02 | 43.93±4.17 |
| 小试单元 C | 0.80±0.05 | 0.47±0.02 | 10.00±0.08 | 0.31±0.03 | 0.18±0.03 | 39.01±1.87 |
| 小试单元 D | 0.78±0.03 | 0.46±0.05 | 10.21±0.11 | 0.29±0.02 | 0.20±0.02 | 40.27±3.25 |

注：0～15 cm 土层的数据为 0～5 cm、5～10 cm 和 10～15 cm 土层数据的平均值，15～25 cm 土层的数据为 15～20 cm 和 20～25 cm 土层数据的平均值

　　的 Cd 质量分数明显低于小试单元 A。较高的电压梯度有助于土壤基质中溶解性 Cd 的迁移与分离，当电压梯度从 0.5 V/cm 逐步提高至 2.0 V/cm 后，土壤总 Cd 的去除率从 47.62%增加至 61.90%。

　　土壤 DTPA–Cd 质量分数的分布与总 Cd 相似，但 DTPA–Cd 的去除率明显低于总 Cd。对小试单元 A、B、C 和 D 来说，表层 15 cm 土壤 DTPA–Cd 质量分数的平均降幅只有 9.30%～23.26%。$FeCl_3$ 和 $CaCl_2$ 的混合溶液饱和浸泡，为酸性条件下解吸、溶解和迁移土壤基质中的 Cd 创造良好条件，进而提高了土壤 DTPA–Cd 含量。尽管 EKG 电动修复装置通过排水分离了大量土壤溶解态 Cd，但与未处理土壤相比，$FeCl_3$ 浸泡造成了酸性土壤环境，电动修复后土壤的 DTPA–Cd 含量依然较高。采用石灰将电动修复后的土壤 pH 调至初始值 5.2 后，土壤 DTPA–Cd 质量分数迅速降至 0.25 mg/kg，这为后续土壤 Cd 的固化与稳定化创造了有利条件。

土壤残留 Cd 的含量与 Cd 的分离去除能力密切相关。如图 5.6 所示，从土壤基质中分离的 Cd 与孔隙水排水体积呈正相关（相关系数 $r^2$=0.67），排水量越大，土壤 Cd 残留量越低。排 Cd 量与排水 pH 呈指数关系，当排水 pH 大于 3.86 以后，从土壤中分离的 Cd 质量不足 0.10 mg。这是因为，随着 pH 的增加，孔隙水中的溶解态 Cd 被土壤颗粒所沉淀、络合和吸附（Giannis et al.，2010）。

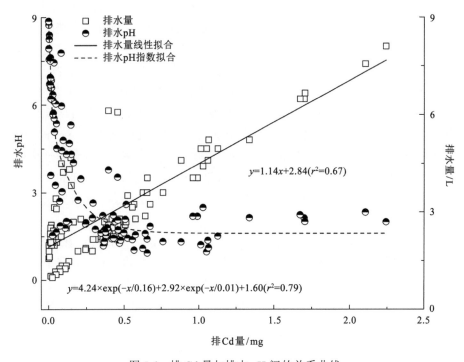

图 5.6　排 Cd 量与排水 pH 间的关系曲线

准确的物料平衡分析有助于揭示 Cd 去除机理。土壤孔隙水、土壤颗粒、滤网、穿孔有机玻璃板、石墨 EKG 电极和孔隙水存储单元都是电动修复过程中可以捕获与固定 Cd 的环境介质。通过比较孔隙水脱除形成的排 Cd 量与表层 15 cm 土壤中 Cd 含量的减少值（图 5.4 和表 5.3），不难发现，孔隙水导排贡献了不到 20% 的土壤总 Cd 去除，新型 EKG 修复装置的吸附与滞留贡献了剩余 80% 的 Cd 去除。

如图 5.5 和表 5.2 所示，绝大多数的 Cd 去除发生在表层 15 cm 土壤，与未处理对照土壤相比，各小试单元 15 cm 以下土层的总 Cd 和 DTPA–Cd 含量并无明显差异。这是因为以下两方面原因：①深层低渗透性土壤阻止了溶解态 Cd 的下渗；②新型 EKG 装置为排放表层 15 cm 土层中的孔隙水提供了有利条件，减少了土壤孔隙水垂向渗漏的概率。

## 5.2.3 土壤理化特性变化

电场作用下，pH 是调控土壤 Cd 溶解和解吸的最为重要因素（Giannis et al.，2005）。经过 7 d 的电动修复，与初始 pH 2.31 相比，土壤 pH 出现了温和的上升（表 5.2）。补水和提高电压梯度都造成了土壤 pH 的明显升高。土壤含水率的增加促进了 $H^+$ 和 $Fe^{3+}$ 的扩散和迁移，进而降低了土壤酸度。电场强度的增加加速了 $H^+$ 和 $Fe^{3+}$ 的电迁移与电渗流，在相同电动修复时间内可以减少 $H^+$ 的富集。整个电动修复期间，所有小试单元没有出现明显的 $H^+$ 和 $OH^-$ 富集，这是因为电解孔隙水产生的部分 $H^+$ 和 $OH^-$ 通过石墨 EKG 电极的竖向导水槽被快速排放。但对传统电动修复来说，电极极化现象十分普遍且难以克服，在电极电解水作用下，阴极区的 pH 可升至 8～12，阳极区的 pH 则降至 2～3（Virkutyte et al.，2002）。除了 pH，其他土壤理化性质参数如有机质含量、离子交换容量和氧化还原电位也与土壤 Cd 的赋存密切相关（Tang et al.，2016），它们对 Cd 去除的影响将通过后续研究进一步揭示。

$FeCl_3$ 和 $CaCl_2$ 浸泡不可避免地造成 $Fe^{3+}$、$Ca^{2+}$ 和 $Cl^-$ 的残留。在试验点，石灰常被用来改善农田土壤的酸性环境，因此，一定程度上的 Ca 残留是有益的。与未处理土壤相比，Fe 和 Cl 的残留主要出现在表层 15 cm 土壤，电动修复试验结束后，土壤 Fe 和 Cl 的质量分数分别增加了 18.60%～30.41% 和 366%～516%（表 5.3）。一定程度的 Fe 残留有助于抑制水稻在生长季节吸收生物可利用性 Cd。傅友强等（2010）研究指出，土壤 Fe 可以在水稻根区或根系表面形成铁膜，铁膜可促进营养盐的吸收和减缓重金属的毒性。尽管表层 15 cm 土壤中 Cl 残留含量接近 400 mg/kg，但仍低于水稻生长的 Cl 质量分数阈值 800 mg/kg（程明芳 等，2010）。因此，土壤中 Fe 和 Cl 的残留水平是可以接受的，对水稻生长而言也是可控的。

另外一个担心是孔隙水排放会导致营养物质流失。如表 5.3 所示，每个小试单元中土壤 AN 流失不显著，但孔隙水导排后，表层 15 cm 土壤的 AP 流失率超过了 50%。补充灌溉水和提高电压梯度均增加了土壤营养物质的流失。因此，对 EKG 电动修复来说，有必要对电极排水中营养物质再利用，以便恢复土壤肥力。

## 5.2.4　应用前景分析

目前为止，电动修复污染农田土壤以室内模拟实验与小尺度研究为主。阴极区高达 60% 的重金属富集沉积（Almeira et al.，2012），是该工艺难以现场应用的主要障碍之一。经过 7 d 的田间试验，新型 EKG 电动修复装置展示出了优异的性能，土壤总 Cd 去除最高达到了 41.98%。尽管这一数值有些偏低，但仍可与室内实验获得的 58%～98% 的去除率具有可比性（Missaoui et al.，2016；Yuan et al.，2016；Almeira et al.，2012）。就现场试验而言，本试验中 25.93%～41.98% 的土壤总 Cd 降幅高于 Chen 等（2015b）报道的 18% 土壤总 Cd 降幅，其主要采用微生物燃料电池为电动修复提供能源供应。最为重要的是，增加土壤含水率和提高电压梯度均有利于提升土壤 Cd 的电动分离效率。新型 EKG 电动修复装置可在不到 1 周的时间获得 40% 以上的土壤总 Cd 削减，而非传统电动修复技术所需的数月甚至数年（Missaoui et al.，2016；刘慧 等，2016；Virkutyte et al.，2002）。因此，新型 EKG 电动修复装置在缩短修复周期方面具有技术优势。

新型 EKG 装置展示出了良好的节能优势。电动修复期间，小试单元 A、B、C 和 D 的能耗分别为 3.48 kW·h、16.79 kW·h、12.23 kW·h 和 9.47 kW·h（图 5.7）。土壤含水率的增加提高了电动修复的能耗，排水量越大，能耗越高（图 5.7）。考虑到土壤 Cd 去除，小试单元 A、B、C 和 D 的能效分别为 0.251 mg Cd/kW·h、0.171 mg Cd/kW·h、0.188 mg Cd/(kW·h) 和 0.171 mg Cd/(kW·h)。因此，最为经济的电动修复模式是小试单元 A，即补水+1 V/cm 的电压梯度。对传统电动修复来说，污染土壤去除重金属的电能消耗范围为 38～1 264 kW·h/m$^3$（Yuan et al.，2017；Yuan et al.，2016；Cang et al.，2011；Virkutyte et al.，2002），这个数值高于本试验修复表层 15 cm 土壤的 23.20～126.27 kW·h/m$^3$。本试验能耗偏低主要归因于如下两方面：①修复时间短，仅仅 7 d；②间歇通电，与连续通电相比，间歇通电（12 h 开/12 h 关）可以节约 54.74% 的总能耗（Yuan et al.，2017）。

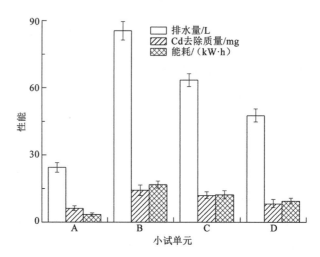

图 5.7   排水量、Cd 去除质量与能耗

新型 EKG 装置具有明显的现场应用技术优势。首先，土壤中 Cd 等重金属可以通过孔隙水的有效导排被直接和彻底分离。其次，快速和优异的脱水性能避免了电极附近 $H^+$ 和 $OH^-$ 的大量聚集，极大地解决了阳极酸化腐蚀，阴极 pH 升高、土壤碱化和重金属沉积等难题（Glendinning et al., 2007）。再次，新型 EKG 装置克服了阴极无孔隙水收储设施安装难和现场应用时需要维持大量电极阵列等不足（Fourie et al., 2010）。最后，EKG 电动修复与农作物种植过程无缝衔接，$FeCl_3$ 和 $CaCl_2$ 饱和农田土壤可在泡田期开展，种植间歇期短暂电动修复后，即可进入作物种植期，不影响正常农作。

采用 $FeCl_3$ 和 $CaCl_2$ 有利于有效溶解土壤 Cd，但造成了一定水平的 Fe 和 Cl 残留。Fe 的引入还会增加电动修复过程的能耗，研究表明，电动修复过程中，Fe 的迁移去除能耗占总能耗的 40% 以上（Yuan et al., 2017）。此外，$FeCl_3$ 的残留还导致了土壤的酸化（表 5.2），需要投加 1.0 kg/m² 的石灰，将土壤 pH 恢复到未处理前的初始值 5.2，这会造成土壤处理成本的增加。尽管 Fe 和 Cl 的残留对水稻生长来说是可接受的，但仍有必要对排水中的 Fe 和 Cl 进行循环利用。最后，为了尽量减轻 $FeCl_3$ 的负面影响，理论上讲，可以利用阳极产生的 $H^+$ 来酸化土壤基质，获得分离土壤 Cd 的必要条件。

## 5.3   小     结

（1）田间试验结果表明，$FeCl_3$ 和 $CaCl_2$ 饱和浸泡 24 h 后，电动修复可以分离与去除土壤 41.98% 的总 Cd，能耗为 9.47 kW·h/m² 土壤。

（2）重力排放孔隙水和 Cd 的电迁移是分离和去除土壤溶解态 Cd 的主要驱动力，孔隙水排放量越大，土壤 Cd 去除越多。孔隙水补充和提高电压梯度均有利于 Cd 的迁移。当孔隙水 pH 超过 3.0 以后，氢氧化铁沉淀堵塞阴极导水槽，受此影响，阳极排水量和 Cd 去除量均高于阴极。

（3）土壤孔隙水的快速排放减少了电极附近 $H^+$ 和 $OH^-$ 的富集，表层 15 cm 土壤的 pH 温和地上升至 2.04～4.44，促进了 Cd 在土层中的均匀分布。外援性添加 $FeCl_3$ 和 $CaCl_2$ 促进了土壤中 Cd 的解离和可利用性磷的释放，同时造成了整体可控的土壤 Fe 和 Cl 残留。

第 6 章

重金属污染农田土壤电动修复技术集成与示范

为实现重金属污染土壤电动修复，需对土壤重金属活化处理和实施电动排水脱除，在此基础上对田间排水净化处理并循环利用。本章针对已研发的土壤重金属活化技术、电动排水技术和田间排水人工水槽生态净化技术进行优化，集成重金属污染农田土壤电动修复技术，提出电动修复田间示范应用参数，制订田间示范实施方案，选取典型重金属（以 Cd 为例）污染农田，开展现场应用和修复示范。基于示范期间土壤样品测定和对比分析，对田间电动修复示范效果进行评价，并结合重金属污染农田修复实践探讨重金属污染农田土壤电动修复技术可行性和经济合理性。

# 6.1　电动修复技术集成与工艺参数设计

## 6.1.1　单项技术参数优化

### 1. 土壤重金属活化

#### 1）活化剂

第 2 章土壤重金属 Cd 室内活化模拟实验结果显示，$0.05\ mol/L\ FeCl_3$ 对土壤重金属 Cd 具有较好的活化效果，但活化后土壤 pH 太低，不利于土壤 pH 恢复。针对该问题，现场调试实验进一步优化了活化剂种类及活化剂浓度，选用复配活化剂（$FeCl_3+CaCl_2$）对污染土壤样品进行活化处理，a 组为 $0.01\ mol/L\ FeCl_3$；b 组为 $0.02\ mol/L\ FeCl_3$；c 组为 $0.03\ mol/L\ FeCl_3+0.015\ mol/L\ CaCl_2$；d 组为 $0.03\ mol/L\ FeCl_3+0.03\ mol/L\ CaCl_2$；e 组为 $0.05\ mol/L\ FeCl_3$；f 组为 $0.08\ mol/L\ FeCl_3$。测得上覆水 pH 及其土壤 Cd 活化脱除率，结果见表 6.1。

表 6.1　活化剂配比调试

| 分组 | 上覆水 pH | 土壤 Cd 活化脱除率/% | 分组 | 上覆水 pH | 土壤 Cd 活化脱除率/% |
|---|---|---|---|---|---|
| a | 3.68 | 6.04 | d | 2.59 | 32.17 |
| b | 3.36 | 19.06 | e | 1.93 | 30.16 |
| c | 2.42 | 30.18 | f | 1.65 | 25.16 |

与 e 组 $0.05\ mol/L\ FeCl_3$ 相比，$0.03\ mol/L\ FeCl_3$ 活化后的上覆水颜色与田间渠塘水基本无差别，未见明显的铁锈色，感官上接受度更高；从表 6.1 得知，与 e 组采用 $0.05\ mol/L\ FeCl_3$ 相比，c 组与 d 组土壤经 $0.03\ mol/L\ FeCl_3$ 与 $CaCl_2$ 复配活化剂处理后，土壤 Cd 的活化率与 e 组的土壤 Cd 活化率相

当,均达 30%以上,但 c 组与 d 组活化后的土壤上覆水 pH 相对更高,pH 在 2 以上,可减少后期土壤 pH 回调所需石灰用量,一定程度上降低了施工成本和对土壤理化性质的干扰。因此,确定现场示范的最佳复配活化剂为 $FeCl_3+CaCl_2$。

2)活化参数

根据前期室内活化模拟实验的优化参数及现场调试的实验结果,并综合考虑土壤 Cd 活化效果、可操作性、成本等,确定搅拌次数 1 次/d、固液比为 2:1,然后进一步优化最佳复配活化剂($FeCl_3+CaCl_2$)的浓度,具体考察了 0.03 mol/L $FeCl_3$ 与不同浓度的 $CaCl_2$(0 mol/L、0.015 mol/L、0.03 mol/L、0.045 mol/L)组成的复配活化剂、活化天数(1 d、2 d)对土壤 Cd 的活化效果。

图 6.1 和图 6.2 分别为复配剂浓度及活化天数对土壤总 Cd 和土壤有效态 Cd 含量降幅的影响。由图可知,土壤活化 1 d,土壤总 Cd 含量降幅达到 30%,需要添加 0.03 mol/L $CaCl_2$,此时土壤有效态 Cd 含量降幅可达 25% 以上;土壤活化 2 d,各组处理的土壤总 Cd 含量降幅均达 30%以上,而 $CaCl_2$ 的添加量达 0.03 mol/L 时,土壤有效态 Cd 含量降幅才能达 30%以上。可见,土壤总 Cd 含量和有效态 Cd 含量降幅均随 $CaCl_2$ 添加量和活化天数的增加而增大,土壤总 Cd 含量降幅比土壤有效 Cd 含量降幅更大。另外,活化处理后的土壤上覆水 pH 2.0 左右,上覆水中 Fe、Cl 浓度分别为 1.4~2.5 g/L、4.0~11.5 g/L,远低于活化液的投加浓度,这表明有大量 Fe 与 Cl 离子被土壤截留。

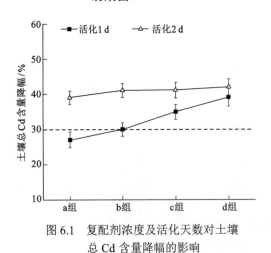

图 6.1　复配剂浓度及活化天数对土壤
总 Cd 含量降幅的影响

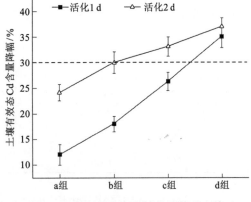

图 6.2　复配剂浓度及活化天数对土壤
有效态 Cd 含量降幅的影响

以土壤总 Cd 含量降幅达 30% 为目标，建议选取 0.03 mol/L FeCl$_3$+0.03 mol/L CaCl$_2$ 复配活化剂，活化天数 2 d。考虑后续电动排水能使土壤中离子态 Cd 随土壤水强排而脱除，从而进一步提高土壤有效态 Cd 含量降幅，故活化天数可缩短至 1 d。因此，综合考虑土壤 Cd 活化效率、活化剂成本以及现场操作性等，确定最优的活化工艺参数为：$M_{土壤}$:$M_{活化液}$=2:1，活化剂为 0.03 mol/L FeCl$_3$+0.03 mol/L CaCl$_2$，活化 1 d，搅拌 1 次。

## 2. 电动排水

利用第 2 章优化确定的活化工艺参数对农田表层土壤进行活化处理后，土壤中 Cd 等重金属在酸性条件下，逐步解吸和活化，由稳定态 Cd 转化为可移动态 Cd，并释放进入土壤孔隙水，构成作物可吸收利用的有效态重金属。电动排水能够在脱水同时，分离土壤介质中的部分有效态 Cd。第 3 章对重力排水、毛细透排水和电动排水效率比选研究结果表明，采用 EKG 作为电极的电动排水速度快，能够在电渗和重力排水的同时，使土壤有效态 Cd 以电迁移和孔隙水排放等方式予以脱除，实现田间排水强排重金属的目的。为了更好地指导田间实践，对通电方式、电压梯度、电动时间、土壤含水率补偿、电极间距等参数进行了比较研究，结果分别见表 6.2～表 6.6。

采用长均为 1.2 m 的石墨 EKG 电极，在电极间距为 50 cm，电动时间为 48 h 的条件下处理表层 15 cm 耕作层土壤，排水前用 0.03 mmol/L FeCl$_3$+0.03 mmol/L CaCl$_2$ 饱和 24 h（表层无明水）。采用连续通电、间歇通电和提高电压法三种不同通电方式对活化土壤进行电动排水脱除，土壤有效态 Cd 含量降幅分别为 27.58%、30.07% 和 32.68%，其排 Cd 能效分别为 4.33 mg/(kW·h)、7.85 mg/(kW·h) 和 3.77 mg/(kW·h)（表 6.2）。本试验中，采用提高电压法有利于增加土壤有效态 Cd 的电动脱除率，但其能耗较高，排 Cd 能效为最低；间歇通电条件下电动排 Cd 能效最高，同时土壤有效态 Cd 含量降幅达 30% 以上。从排 Cd 能效高（即能耗低）、土壤有效态 Cd 脱除效果好（降幅不低于 30%）等方面进行综合比选，确定间歇通电为最优通电方式。

**表 6.2　不同通电方式下土壤有效态 Cd 含量降幅与排 Cd 能效**

| 技术参数 | 通电方式 | | |
|---|---|---|---|
| | 连续通电 | 间歇通电 | 提高电压法 |
| 土壤有效态 Cd 含量降幅/% | 27.58 | 30.07 | 32.68 |
| 排 Cd 能效/[mg/(kW·h)] | 4.33 | 7.85 | 3.77 |

通电方式、电动时间、电极间距等条件一致时,以不同电压梯度 1 V/cm、2 V/cm、3 V/cm 和 4 V/cm 对活化土壤进行电动脱除,电动排水后农田土壤有效态 Cd 含量降幅分别为 23.88%、30.06%、34.78% 和 38.04%,排 Cd 能效分别 9.17 mg/(kW·h)、7.85 mg/(kW·h)、7.00 mg/(kW·h) 和 6.04 mg/(kW·h)(表 6.3)。可见,增加电压梯度能够提高土壤有效态 Cd 的电动脱除率,但同时也增加了能耗,使得电动排 Cd 能效随之降低。从排 Cd 能效高和土壤有效态 Cd 脱除效果好(降幅不低于 30%)两方面进行综合考虑,确定最优电压梯度为 2 V/cm。

**表 6.3　不同电压梯度下土壤有效态 Cd 含量降幅与排 Cd 能效**

| 技术参数 | 电压梯度/(V/cm) | | | |
| --- | --- | --- | --- | --- |
| | 1.0 | 2.0 | 3.0 | 4.0 |
| 土壤有效态 Cd 含量降幅/% | 23.88 | 30.06 | 34.78 | 38.04 |
| 排 Cd 能效/[mg/(kW·h)] | 9.17 | 7.85 | 7.00 | 6.04 |

试验采用的 EKG 电极板长均为 1.2 m,电极间距 50 cm,电压梯度 2 V/cm,电动时间 48 h,间歇 12 h 通电;处理表层 15 cm 耕作层土壤;排水前用 0.03 mmol/L $FeCl_3$+0.03 mmol/L $CaCl_2$ 饱和 24 h(表层无明水)。电动排水期间,土壤含水率补偿标准为 4 $L/m^2$,水源为净化后的灌溉水,Cd 浓度满足灌溉用水国家标准《农田灌溉水质标准》(GB 5084—2005)。通电方式、电动时间、电极间距、电压梯度一致时,土壤含水率变化对土壤有效态 Cd 的电动脱除效果有一定的影响。与不补水条件下土壤有效态 Cd 含量降幅 28.16% 相比,补水条件下土壤有效态 Cd 含量降幅有所增加,达到了 30.42%,排 Cd 能效则从 7.38 mg/(kW·h) 降至 1.91 mg/(kW·h)(表 6.4)。这说明补水条件下,更有利于有效态 Cd 随溶液向电极附近迁移排出,提高了土壤有效态 Cd 含量降幅,但其不足之处是补水后电动能耗显著增加。为保证土壤有效态 Cd 脱除效果较好(降幅不低于 30%),确定在后续电动排水技术示范期间进行适当补水(含水率补偿标准是表层土壤处于水饱和状态)。

**6.4　补水条件下土壤有效态 Cd 含量降幅与排 Cd 能效**

| 技术参数 | 含水率补偿 | |
| --- | --- | --- |
| | 是 | 否 |
| 土壤有效态 Cd 含量降幅/% | 30.42 | 28.16 |
| 排 Cd 能效/[mg/(kW·h)] | 1.91 | 7.38 |

试验采用的 EKG 电极板长均为 1.2 m,电极间距 50 cm,电压梯度 2 V/cm,间歇 12 h 通电；处理表层 15 cm 耕作层土壤；排水前用 0.03 mmol/L FeCl$_3$+0.03 mmol/L CaCl$_2$ 饱和 24 h,表层无明水。通电方式、电极间距、电压梯度相同时,电动时间对土壤有效态 Cd 脱除效果和能耗的影响较大。从表 6.5 可以看出,随着电动时间从 24 h 延长至 144 h,土壤有效态 Cd 含量降幅从 23.74% 增大至 41.97%,但排 Cd 能效从 3.38 mg/（kW·h）降至 1.08 mg/（kW·h）。从排 Cd 能效和土壤有效态 Cd 脱除效果（降幅不低于 30%）两方面进行综合比选,确定最优电动时间为 48 h。

表 6.5　不同电动时间下土壤有效态 Cd 含量降幅与排 Cd 能效

| 技术参数 | 电动时间/h | | | |
| --- | --- | --- | --- | --- |
| | 24 | 48 | 96 | 144 |
| 土壤有效态 Cd 含量降幅/% | 23.74 | 30.42 | 38.15 | 41.97 |
| 排 Cd 能效/[mg/（kW·h）] | 3.38 | 1.91 | 1.14 | 1.08 |

试验采用的 EKG 电极板长均为 1.2 m,电压梯度 2 V/cm,电动时间 48 h,间歇 12 h 通电；处理表层 15 cm 耕作层土壤；排水前用 0.03 mmol/L FeCl$_3$+0.03 mmol/L CaCl$_2$ 饱和 24 h（表层无明水）。从表 6.6 可以看出,在其他条件相同时,电极间距分别为 30 cm、50 cm 和 100 cm 时,电动排水后,土壤有效态 Cd 含量降幅分别为 35.65%、32.25% 和 27.43%,其排 Cd 能效分别为 2.77 mg/（kW·h）、1.91 mg/（kW·h）和 1.42 mg/（kW·h）。可见,电极间距 30 cm 时,有效态 Cd 含量降幅和排 Cd 能效相对最高。但从田间应用来看,电极间距大时,可以减少插拔电极的工作量,更有利于现场实施。从排 Cd 能效、土壤有效态 Cd 去除效果（降幅不低于 30%）且便于田间操作等角度综合考虑,确定优选电极间距为 50 cm。

表 6.6　不同电极间距下土壤有效态 Cd 含量降幅与排 Cd 能效

| 技术参数 | 电极间距/cm | | |
| --- | --- | --- | --- |
| | 30 | 50 | 100 |
| 土壤有效 Cd 含量降幅/% | 35.65 | 32.25 | 27.43 |
| 排 Cd 能效/[mg/（kW·h）] | 2.77 | 1.91 | 1.42 |

综上分析,为实现示范区土壤有效态 Cd 去除效果（降幅不低于 30%）,并综合考虑排 Cd 能效和田间实施等因素,确定优化的电动排水工艺参数为：电压梯度 2 V/cm,电极间距 50 cm,电动时间 48 h、间歇 12 h 通电,并在电动排水期间补水使表层土壤（0～15 cm）处于饱和状态。

### 3. 人工水槽生态净化

电动排水的 pH、Fe 质量浓度、Cl 质量浓度以及 Cd 质量浓度分别为 1.7～2.0 g/L、1.4～2.5 g/L、4.0～11.5 g/L 和 0.5～0.8 mg/L，上述各指标均高于国家标准《农田灌溉水水质标准》（GB 5084—2005），无法满足农田灌溉水循环利用要求，需净化处理后才能回用或外排。

为满足电动排水净化处理需求，提出了人工水槽生态净化技术，该技术主要包括 pH 调节池、沉淀池和人工水槽等处理单元。其中，人工水槽是核心处理单元，该单元是在人工水槽中部设置碳素纤维生态草，以碳素纤维生态草为电极材料，并在电极两端施加低直流电，水中带电离子（如 Cd、Fe、Cl 等）受到电场力作用分别向带相反电荷的电极（碳素纤维）迁移，被碳素纤维吸附并储存在双电层内，使水中带电离子在碳素纤维表面富集而实现水质净化（图 6.3）。

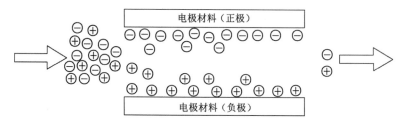

图 6.3　以碳素纤维为电极的电吸附原理图

人工水槽生态净化技术工艺流程如图 6.4 所示。在净化处理单元起始端，用塑料大桶收集排出水；排入 pH 调节池后用石灰调节水体 pH，同时监测调节池中的水体 pH；当 pH 呈现弱酸性或者中性时排入沉淀池；根据电动排水体积和前期吸附除 Cd 研究结果，设计了长×宽×高=3 m×0.5 m×0.5 m 的人工水槽，人工水槽底部以不同粒径的砾石为基质，人工水槽中部垂直悬挂 10 束碳素纤维生态草（长×宽=0.45 m×0.1 m），碳素纤维生态草之间的间距为 5 cm，碳素纤维生态草成品购自北京赛思腾环保工程有限公司；出水蓄水池与前端沉淀池的体积相同，中层设有循环水泵，当水质不达标时，将水循环至沉淀池中再次处理。

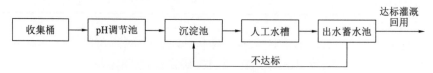

图 6.4　人工水槽生态净化技术工艺流程图

表 6.7 所示为人工水槽净化处理电动排水各单元水质参数。从表中得知，收集桶中的电动排水 Cd 质量浓度达 0.265 mg/L，Fe 质量浓度高达 808.25 mg/L；在 pH 调节池中经过石灰中和处理之后，Cd 质量浓度显著降低至 0.034 mg/L，Fe 的质量浓度降低至 27.28 mg/L，同时排水 pH 从最初的 1.8 升至 7.5；经沉淀池和人工水槽（施加电压 2.5 V，水力停留时间 2 h）进一步净化，最终蓄水池出水的 Cd 和 Fe 浓度均低于国家标准《农田灌溉水水质标准》（GB 5084—2005），可以回用或外排。

表 6.7　人工水槽净化处理电动排水各单元水质参数

| 参数 | 收集桶 | pH 调节池 | 沉淀池 | 人工水槽 | 出水蓄水池 | 去除率 |
|---|---|---|---|---|---|---|
| pH | 1.8 | 7.5 | 7.2 | 6.3 | 6.1 | — |
| Cd 质量浓度/（mg/L） | 0.265 | 0.034 | 0.030 | <0.010 | <0.010 | 99% |
| Fe 质量浓度/（mg/L） | 808.25 | 27.28 | 20.12 | 1.90 | <0.82 | 99% |
| Cl 质量浓度/（mg/L） | 14 283.40 | 3 883.00 | 153.25 | 9.01 | 6.48 | 99% |

## 6.1.2　技术集成与参数设计

基于土壤活化处理、电动排水脱除和人工水槽生态净化等单项技术参数，以土壤总 Cd 含量降幅达到 30% 以上，排水 Cd 含量达农田灌溉水水质标准为目标，进行重金属污染农田土壤电动修复技术集成，其主要参数设计如下（图 6.5）。其中，土壤活化采用的活化剂为 0.03 mol/L FeCl$_3$+0.03 mol/L CaCl$_2$，活化剂用量 47.5 L/m$^2$，活化土层为表层 0～15 cm 土壤，活化 24 h 并

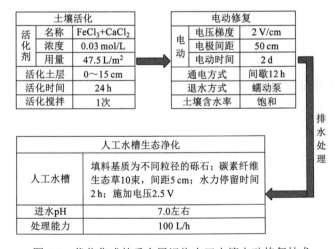

图 6.5　优化集成的重金属污染农田土壤电动修复技术

搅拌 1 次；电动排水采用电压梯度为 2 V/cm，电极间距为 50 cm，间歇通电
（12 h 开，12 h 关）48 h，期间保证土壤含水率饱和，并通过蠕动泵将电动排
水抽至收集桶；人工水槽用不同粒径的砾石作为填料基层，碳素纤维生态草
悬挂于水槽中部，用量为 10 束，每束生态草之间的间距为 5 cm，并施加电
压 2.5 V，进水 pH 约为 7.0，水力停留时间 2 h，水槽处理能力 100 L/h。

# 6.2　电动修复田间示范及效果评价

## 6.2.1　田间示范实施方案

### 1. 示范目的

（1）将优化集成的重金属污染农田土壤电动修复技术，进行田间工程
示范。

（2）评价重金属污染农田土壤电动修复技术对土壤重金属的去除效果
和排水净化效果。

### 2. 示范地点基本情况

示范地点位于湖南某镇农业科技示范场内，土壤为花岗岩发育的麻砂
泥水稻土，质地为壤土。土壤基本理化性质如下（各指标数值为均值）：pH
为 5.20，土壤总 Cd 质量分数为 1.10 mg/kg，有效态 Cd（DTPA 提取态 Cd）
质量分数为 0.40 mg/kg，有效氮质量分数为 217 mg/kg，有效磷质量分数为
29.6 mg/kg，有机质质量分数为 30.1 g/kg。

该示范地的稻田土壤 Cd 污染主要由 20 世纪 80～90 年代上游小型化
工厂（已关闭）污水灌溉引起。

### 3. 场地布置

图 6.6 为重金属污染农田土壤电动修复技术示范场地布置图，项目示范
场地约 1 000 m²，其中约 200 m² 场地设置为示范修复区，其余场地为对照区
和人工水槽净化区（图 6.7）。

（1）修复区用于实施重金属污染农田土壤电动修复，评估修复效果；

（2）人工水槽净化区用于布置人工水槽净化系统（包括收集桶、pH 调
节池、沉淀池、人工水槽、出水蓄水池等），对修复区电动排水进行净化处理；

（3）对照区作为修复区的对照，不做任何技术处理。

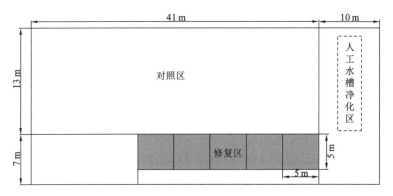

图 6.6 示范场地平面布置图

修复小区尺寸为 5 m×5 m=25 m²。为便于开展电动排水处理（电动装置长约 1.2 m），修复小区再平均分为 4 个隔段（防水挡板隔开），隔段的尺寸为 5 m×1.25 m=6.25 m²。

（a）示范场地　　　　　　　　　（b）平面布置

（c）修复区　　　　　　　　　（d）试验场地

图 6.7 重金属污染农田土壤电动修复技术示范场地布置图

### 4. 实施流程

基于集成的重金属污染农田土壤电动修复技术，按照实施流程（图6.8），对修复区进行示范实验。

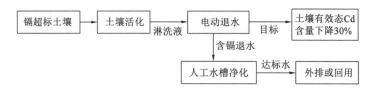

图6.8　修复区技术示范总体实施流程

（1）土壤活化。在设置好的修复小区内（每次处理面积 6.25 m²），按 47.5 L/m² 施用量，加入 0.03 mol/L FeCl₃+0.03 mol/L CaCl₂ 活化液，将田间表土（0～15 cm）与活化液搅拌 1 次，活化 24 h。

（2）电动排水。活化 24 h 后，利用自主研发的电动排水脱除装置（图6.9），对活化后可移动态 Cd 实施强排（图6.10）。具体工艺流程为：将修复小区内相邻 50 cm 的电极板（共 11 块，每次处理面积 6.25 m²），分别作为阴极和阳极，采用 2 V/cm 电压梯度（即加载电压 100 V），进行间歇通电（12 h 电动排水，12 h 重力排水），处理 48 h；处理土层厚度为 0～15 cm；电动排水期间，对逐渐干化的土壤实施补水，补水量为 4 L/m²，使土壤恢复水饱和状态。

电动排水过程中，每 4 h 用蠕动泵抽出排水，记录体积并测定 pH；抽水后测电流密度，其中前 2 h，每小时测 1 次电流密度；每 4 h 用 pH–Eh 计测定阴极和阳极侧土壤 Eh 和 pH。

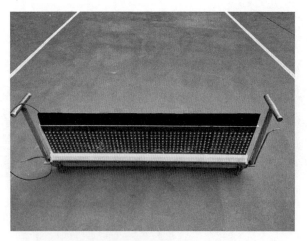

图6.9　电动排水脱除装置示意图

图 6.10　电动排水

（3）人工水槽净化。人工水槽生态净化系统包括收集桶、pH 调节池、沉淀池、人工水槽、出水蓄水池，日处理量能够达到 2.4 m³ 左右。土壤活化后的上覆水和电动排水采用塑料大桶收集一定量后，测定 pH，如果接近弱酸或者中性时，直接排入沉淀池；如果 pH 为酸性，则采用手动监测加入碱性溶液，在 pH 调节池的中间部位有探针，待水位达到阈值后，采用虹吸式吸入方式，进入沉淀池，进行进一步沉淀。沉淀池底部设有倾斜坡和固体废弃物排口，方便固体废弃物统一排出，上部水达到溢水堰后，通过重力作用，经过管路推流至人工水槽，人工水槽中的碳素纤维生态草施加适宜的电压，即可使水中带电离子（包括 $Fe^{3+}$、$Fe^{2+}$、$Cd^+$、$Cl^-$ 等）在碳素纤维表面富集而实现水质净化，水槽中的水达到人工水槽溢水堰后，推流至循环蓄水池中，经测定分析后，若重金属和 pH 指标达到农田灌溉水标准，可直排进入排水沟或者用于灌溉，如果不达标，则需要启动循环水泵，将蓄水池内的水循环至沉淀池进行二次处理。

### 5. 分析方法

1）土壤分析方法

在实验开始前，以及活化、电动排水等技术实施关键过程中，取修复区土样。采用 S 型取样法，取 10 个点，每个点约 100 g，总共 1 kg。按此方法，在对照区同时取土样。土壤样品在室内阴凉通风处风干，用四分法分取适量的风干样品，剔除碎石、动植物残体等杂物，然后用原木棍捣碎并全部过不同孔径的筛，储存于广口玻璃瓶备用。

（1）土壤 pH：用 1 mol/L KCl 按液固比 2.5:1 浸提土壤样品，然后用校正好的 pH 计测定的浸提液 pH 即为土壤 pH（农业行业标准 NY/T 1377—2007）。

（2）土壤 Cd/Fe 的总量：在 $HNO_3$–$HF$–$H_2O_2$ 酸体系中用微波消解仪消解土壤样品，消解完全后赶酸、冷却、定容、过滤，用石墨炉原子吸收分光光度计测定滤液中的 Cd/Fe 含量（国家标准 GB/T 17141—1997）。

（3）土壤 $Cl^-$ 含量：用水按液固比 5:1 提取土壤样品中的氯离子，干过滤后用离子色谱仪测定滤液中的氯离子浓度（农业行业标准 NY/T 1378—2007）。

（4）土壤有效态 Cd 含量：用 DTPA 提取剂按液固比 5:1 提取土壤样品中的有效态 Cd，离心或过滤后，用石墨炉原子吸收分光光度计测定滤液中的 Cd 含量（国家标准 GB/T 23739—2009）。

（5）土壤速效氮含量：在扩散皿中，土壤样品在强碱性环境和硫酸亚铁存在条件下进行水解还原，使易水解态氮和硝态氮转化为氨气被硼酸溶液吸收，用标准酸滴定吸收液中的氨，根据标准酸的消耗量计算速效氮的含量（地方标准 DB13T 843—2007）。

（6）土壤速效磷含量：用氟化铵–盐酸溶液浸提酸性土壤（pH<6.5）中的有效磷，碳酸氢钠溶液浸提中性和石灰行土壤中的有效磷，所提取的磷用钼酸铵分光光度法测定，经计算得出土壤速效磷含量（农业行业标准 NY/T 1121.7—2006）。

2）水样分析方法

用 250 mL 采样瓶取电动排水收集桶中的水样，用 50 mL 采样瓶取人工水槽生态净化系统的各处理单元水样，水样加酸调至 pH<2，置于冰箱保存备测 Cd、Fe、Cl 的质量浓度。

（1）水样 Cd/Fe 的质量浓度：水样消解过滤用 ICP–MS 测定（环境保护标准 HJ 700—2014）。

（2）水样 Cl 的质量浓度：水样过滤后直接用离子色谱测定（环境保护标准 HJ 799—2016）。

（3）水样 pH：用 pH 计直接测定。

3）其他

（1）能耗分析：通过对电流–时间曲线积分，乘以加载电压计算不同时间段的电动排水能耗，详见 3.2.1 小节。

（2）排水效率：电动排水过程退出水体积与能耗的比值，详见 3.2.1 小节。

（3）排 Cd 能效：电动排水过程退出水中 Cd 含量与能耗的比值，详见 3.2.1 小节。

（4）土壤有效态 Cd 含量降幅：电动排水后土壤有效态 Cd 与供试土壤有效态 Cd 的质量分数，详见 3.2.1 小节。

## 6.2.2　示范效果评价

### 1. 土壤总 Cd 去除

表 6.8 为田间修复实施前后，修复区和对照区的土壤总 Cd 含量。修复区土壤总 Cd 的初始质量分数（本底值）为 1.23 mg/kg，经电动修复之后，土壤总 Cd 含量下降至 0.85 mg/kg，总 Cd 含量降幅达到 30.9%，而对照区的土壤总 Cd 含量，在示范期间无显著变化。可见，电动修复对稻田土壤总 Cd 的去除效果显著，且明显优于国内已有的相关研究结果（涂磊，2015）。

表 6.8　田间示范区修复前后土壤总 Cd 质量分数及其降幅

| 区域 | 土壤总 Cd 质量分数/（mg/kg） | | 土壤总 Cd 含量降幅/% |
| --- | --- | --- | --- |
| | 初始值 | 修复后 | |
| 修复区 | 1.23 | 0.85 | 30.9 |
| 对照区 | 1.16 | 1.19 | —— |

### 2. 土壤有效态 Cd 去除

表 6.9 为田间修复实施前后，修复区和对照区的土壤有效态 Cd 含量。修复区土壤有效态 Cd 的初始质量分数（本底值）为 0.41 mg/kg，电动修复后，修复区土壤有效态 Cd 质量分数下降至 0.25 mg/kg，其降幅为 39.0%，对照区土壤有效态 Cd 含量在示范期间无显著变化。可见，电动修复对土壤有效态 Cd 去除明显，能够实现稻田土壤有效态 Cd 含量的减量化，这与前期室内研究实验和现场调试试验结果基本相符，土壤有效态 Cd 含量降幅为 30%～35%。

表 6.9　田间示范区修复前后土壤有效态 Cd 质量分数及其降幅

| 区域 | 土壤有效态 Cd 质量分数/（mg/kg） | | 土壤有效态 Cd 含量降幅/% |
| --- | --- | --- | --- |
| | 初始值 | 修复后 | |
| 修复区 | 0.41 | 0.25 | 39.0 |
| 对照区 | 0.42 | 0.41 | —— |

### 3. 土壤 Fe 和 Cl 的总量变化

表 6.10 为田间修复实施前后，土壤 Fe 和 Cl 的总量变化。修复区土壤 Fe 和 Cl 的总质量分数（本底值）分别为 12.57 g/kg 和 0.07 g/kg，经电动修复之后，修复区的土壤 Fe 的总量基本不变，土壤 Cl 的总量增加至 3.31 g/kg；对照区的土壤 Fe 和 Cl 的总量均无显著变化。可见，电动修复对土壤 Cl 的总量影响较大，但是 $Cl^-$ 等阴离子在土壤中吸附性能差，通过水肥调控处理可降低土壤 Cl 的总量（曾希柏，2000）。

表 6.10　田间示范区修复前后土壤 Fe 和 Cl 质量分数

| 区域 | 土壤 Fe 的总质量分数/（g/kg） | | 土壤 Cl 的总质量分数/（g/kg） | |
| --- | --- | --- | --- | --- |
| | 初始值 | 修复后 | 初始值 | 修复后 |
| 修复区 | 12.57 | 11.35 | 0.07 | 3.31 |
| 对照区 | 12.57 | 12.55 | 0.07 | 0.07 |

### 4. 土壤 pH、速效氮和速效磷的变化

表 6.11 给出了田间修复实施前后，土壤 pH、速效氮和速效磷含量的变化。修复区土壤 pH、速效氮和速效磷的初始含量（本底值）分别为 5.20、228 mg/kg 和 57 mg/kg，电动修复后，修复区的土壤 pH 降低至 3.51，土壤速效磷降低至 22 mg/kg，土壤速效氮含量基本不变；对照区的土壤 pH、速效氮和速效磷含量均无显著变化。可见，电动修复对土壤 pH 和速效磷的影响较大，可通过施用石灰可提高土壤 pH，并能进一步降低 Cd 的有效性（张振兴 等，2016；Ok et al.，2011），通过施加磷肥补充土壤中流失的速效磷。

表 6.11　田间示范区修复前后土壤 pH、速效氮和速效磷质量分数的变化

| 区域 | 土壤 pH | | 土壤速效氮质量分数 /（mg/kg） | | 土壤速效磷质量分数 /（mg/kg） | |
| --- | --- | --- | --- | --- | --- | --- |
| | 初始值 | 修复后 | 初始值 | 修复后 | 初始值 | 修复后 |
| 修复区 | 5.20 | 3.51 | 228 | 220 | 57 | 22 |
| 对照区 | 5.20 | 5.17 | 228 | 225 | 57 | 50 |

### 5. 排水量及排水总 Cd、总 Fe、总 Cl 浓度

表 6.12 给出了田间修复实施期，电动排水量及排水总 Cd、总 Fe、总 Cl 浓度。修复实施期，田间排水量为 24 L/m$^2$，排水中总 Cd、总 Fe、总 Cl 浓度分别为 0.59 mg/L、2.59 g/L 和 10.5 g/L，可见，排水总 Cd、总 Fe、总 Cl 浓度

严重超出国家标准《农田灌溉水质标准》(GB 5084—2005),需经过净化处理并达农田灌溉水水质标准后才能排放。

表 6.12　排水量及排水总 Cd、总 Fe、总 Cl 浓度

| 参数 | 田间排水 | | | |
| --- | --- | --- | --- | --- |
| | 排水量/(L/m$^2$) | 总 Cd 浓度/(mg/L) | 总 Fe/浓度 (g/L) | 总浓度 Cl/ (g/L) |
| 修复区 | 24 | 0.59 | 2.59 | 10.5 |

### 6. 人工水槽生态净化性能

表 6.13 为修复区田间电动排水净化前后的水质差异。可以看出,电动排水经 pH 调节和初沉淀后,Cd、Fe、Cl 浓度和 pH 分别为 0.03 mg/L、27.28 mg/L、3 883.00 mg/L 和 6.1,经人工水槽生态装置的净化处理后,出水均未超出国家标准《农田灌溉水质标准》(GB 5084—2005),与前期实验采用的生物炭吸附 Cd,微生物菌株富集 Cd 以及挺水植物–浮叶植物–挺水植物构建的人工湿地除 Cd 而形成的渠塘净化技术一样,均能使出水达农田灌溉水水质标准,而且人工水槽净化技术受限制的环境因子少,操作简单。

表 6.13　修复区田间退出水净化前后的水质指标浓度

| 项目 | Cd 浓度/(mg/L) | Fe 浓度/(mg/L) | Cl 浓度/(mg/L) | pH |
| --- | --- | --- | --- | --- |
| 处理净化前 | 0.03 | 27.28 | 3 883.00 | 6.1 |
| 处理净化后 | 低于检出限 | 低于检出限 | 6.48 | 6.1 |
| 农田灌溉用水标准<br>(GB 5084—2005) 限值 | ≤0.01 | — | ≤350 | 5.5～8.5 |

# 6.3　电动修复技术评价及经济性分析

## 6.3.1　技术适用性

重金属污染农田土壤电动修复技术的思路包括两方面:①削减土壤中重金属含量(包括有效态含量);②排水净化回用。在种植间歇期或泡田期,采用土壤重金属活化、土壤孔隙水强排和人工水槽生态净化等技术措施,将土壤重金属依序活化、分离、外排和净化,实现农田重金属总量和有效态含量双降的目标,并通过人工水槽净化方式促进农田排水循环利用。具体实践过程中,重金属污染农田土壤电动修复技术以原位修复为出发点,对

活化、电动和人工水槽等优势互补，形成一套新型的农田超标重金属治本之策。通过与传统淋洗、电动、农艺等单一措施比，集成技术具有如下技术优势。

### 1. 农田土壤重金属的低影响高效活化

以土壤 pH 控制为目标，集成技术优先筛选有益于阻止水稻吸收 Cd 且土壤背景含量较高的 Fe 基活化剂 $FeCl_3$，复配能够与 Cd 等重金属离子在土壤表面具有竞争吸附作用且对土壤 pH 影响小的弱酸性活化剂 $CaCl_2$。在活化方式上，针对农田耕作层土壤量大，适宜原位实施和尽量少排放活化液等要求，采用低浓度（0.03 mol/L）和低剂量的活化液（土壤表层无明水）对耕作层土壤进行活化处理，为了提高土壤重金属活化效果并考虑对耕作层土壤结构的影响，活化过程中搅拌一次。田间示范结果表明，活化后，有效态 Cd 含量增加了近 100%，且活化剂中的 Fe 和 Cl 以及活化的重金属 Pb 和 Cd 等无渗漏现象，属于一种可规模化应用于农田的重金属活化技术。传统化学淋洗活化较少应用于农田土壤修复，主要原因在于活化剂用量大，高效淋洗活化剂价格贵、淋出液处理相对复杂、原位淋洗活化效果不理想等，且淋出液可能造成土壤理化性质改变和地下水的二次污染（Dermont et al.，2008）。但与已开展的原位场地淋洗修复相比，本活化技术周期短（<2 d），远远低于场地淋洗的 4～9 个月。

### 2. 农田土壤孔隙水重金属的快速分离

以土壤重金属分离与削减为修复关键，当完成了土壤重金属活化和释放后，集成技术接续进行电动排水同步脱除，以 EKG 为电极，系统考虑土壤孔隙水收集、存储和外排等环节，研制出 EKG 成套排水脱除重金属装置，该装置集中了电动修复与软基排水的双重功能。

传统电动修复需要阳极、阴极，以及储存电解液的阳极池和阴极池，以及用于控制离子迁移的渗透膜；现有电动修复技术大多采用过筛的模拟污染土壤，以 Cd 为例，重金属含量超过自然污染土壤含量的数百倍；此外，实验尺度很小，主要在长度不足 1 m 的土柱中开展室内研究（Tang et al.，2016）。传统电动修复过程中，在阳极产生和蓄积 $H^+$，在阴极产生和蓄积 $OH^-$，因此在较短时间内出现阳极酸化（pH<2）腐蚀和阴极碱化（pH>12）的现象（Iannelli et al.，2015）。在电场作用下，活化的土壤重金属离子如 $Cd^{2+}$ 等逐渐向阴极迁移并富集于阴极侧。电动修复实现了土壤重金属的迁移和富集，但不能从土壤介质中分离与去除重金属，而是通过电极清洗和清除阴极侧土壤等方式削减土壤重金属含量。对传统电动修复来说，尽管土壤重金属含量去除率高达 50%以上,但其真实去除率可能不到 30%(林丹妮 等,2009)。

与传统电动修复相比,EKG 电极排水装置无须阴极池和阳极池,一体化设置了 EKG 电极单元、孔隙水收储单元和辅助单元,这些拼装式单元十分适宜进行原位处理,且主要针对表层 15 cm 耕作层土壤。EKG 电极具备重力排水和电渗脱水的双重优势(胡俞晨 等,2005),在 2 d 内将土壤孔隙水含量降至 30%以下,其中重力排水的贡献超过了 80%。新型 EKG 电动排水装置的快速脱水特点,能够将在阳极和阴极附近产生的 $H^+$ 和 $OH^-$ 快速排放,避免了阳极酸化和阴极碱化的问题,排水结束后,阳极和阴极的 pH 变化均小于 1。因为 EKG 电极阴极侧无碱化问题,因此在电场作用下,迁移至阴极的重金属离子不会被再次吸附或沉淀于阴极侧,而是通过排水的方式进行外排,实现了重金属的水–土分离,彻底降低土壤有效态重金属含量。

最后,EKG 电极属于柔性导电材料,是一种兼具导电排水的电动土工合成材料。EKG 电极为英国纽卡斯尔大学研发(Lamont-Black,2006),主要用于生活污泥、矿渣和核废物等脱水(Jones et al.,2006)。由于 EKG 电极材料的柔性特点,目前主要将其做成兜状容器,开展异位脱水应用。本试验开发的 EKG 排水脱除重金属装置,充分利用了 EKG 导水和导电等性能,实现了重力排水、电渗和电迁移等多重功能,通过对孔隙水定向收集、高效存储和集中外排等装置化,将其应用于重金属污染农田土壤孔隙水的脱除,进而实现了 EKG 电极的原位脱水同步去除重金属,是在农田这种软基的应用扩展。

### 3. 技术指标性能

重金属污染农田土壤电动修复主要技术参数见表 6.14。与无修复措施的对照区相比,通过 $FeCl_3$+$CaCl_2$ 活化和田间土壤孔隙水排水后,修复区的土壤总 Cd 含量和有效态 Cd 含量下降显著,降幅分别达到了 30.9%和 39.0%,但与土壤环境质量标准(GB 15618—2008)二级标准和食用农产品产地环境质量评价标准(HJ/T 332—2006)的限值(≤0.3 mg/kg,5.5<pH≤6.5)相比,土壤残余 Cd 仍然存在一定程度超标。修复区排水经过沉淀、调节和人工水槽净化后,出水 Cd、Fe、Cl 和 pH 等水质指标满足国家标准 GB 5084—2018,能够循环利用,对生态环境相对友好。

表 6.14　重金属污染农田土壤电动修复主要技术指标

| 区域 | 土壤 Cd 质量分数 | | 田间排水 | |
|---|---|---|---|---|
| | 总 Cd 质量分数 / (mg/kg) | 有效态 Cd 质量分数/ (mg/kg) | 水量/ (L/m²) | 水质 (Cd、Fe、Cl 和 pH) |
| 对照区 | 1.23 | 0.41 | — | — |
| 修复区 | 0.85 | 0.25 | 24 | 满足灌溉 |

## 4. 与其他农田修复技术比较

表 6.15 将重金属污染农田土壤电动修复技术与同类其他修复技术进行了比较，目前化学淋洗和电动力学修复虽然能够有效削减土壤重金属含量，但因为化学淋洗对土壤结构破坏较大，容易引起二次污染和缺乏成套装置，鲜有田间研究报道。电动力学修复周期长，能够将土壤重金属迁移富集阴极侧，但需要后续电极洗脱或分离阴极侧土壤才能去除重金属，目前研究仅限于模拟土柱。固化和稳定化是应用最为广泛的原位修复技术，通常田间石灰、海泡石等碱性材料，或生物炭等土壤改良材料，文献报道的固化和稳定化目前应用面积已达到 1 500 m²，采用石灰等调理剂稳定化的农田土壤面积达到数亩到数百亩的规模。固化和稳定化投入小，易实施，能够削减土壤重金属的生物有效性（降幅可达到 50%）（Tang et al.，2016），进而保障农产品种植安全。然而，固化和稳定化不能削减土壤重金属总量，固化和稳定化剂需要频繁施用，且其长期稳定性不明，固化和稳定后的重金属容易受土壤理化条件改变再次活化，导致农产品污染。植物修复的关键是超累积植物筛选，使用较多的植物包括籽粒苋、景天、商陆、龙葵等，植物修复尤其适用于污染程度较低的土壤修复，但周期长，长期占用土地资源，且收割的植物需要二次处理，植物修复在我国也有成功案例。陈同斌研究员已成功

表 6.15　不同农田重金属污染土壤修复技术比较

| 修复技术 | 技术性能评估指标 | | | | |
|---|---|---|---|---|---|
| | 修复方式 | 修复规模 | 实施周期 | 重金属含量削减 | 适用污染程度 |
| 化学淋洗 | 异位 | — | ≤1 周 | 2.34%~91.30% | ≥中度污染 |
| 电动力学 | 原位 | — | 数周~数月 | 14.70%~94.75% | 轻度-重度 |
| 固化/稳定化 | 原位 | ≤1500m2 | 数天 | 无 | 轻度 |
| 植物修复 | 原位 | 数十亩~数千亩 | 数年 | 3.83%-33.33% | 轻度 |
| 电动修复技术 | 原位 | 200 m² | ≤1 月 | ≥30%/次 | 中度-重度 |

注：化学淋洗、电动力学、植物修复等重金属含量削减数据来源于 Tang 等（2016）

将植物修复技术应用于砷污染土壤的修复，采用蜈蚣草分别修复了湖南郴州和广西环境砷污染土壤 600 多亩和 5 000 多亩（陈同斌 等，2010）。

电动修复技术由于采用了低浓度和低剂量的 $FeCl_3+CaCl_2$ 活化，然后通过 EKG 排水脱除重金属装置开展原位处理，能够在一个月内将土壤重金属（以 Cd 为例）质量分数从 1.0 mg/kg（中度污染）降至约 0.7 mg/kg，每次处理降幅达到 30%。与上述技术相比，电动修复技术实现了分离土壤重金属，同步削减土壤重金属总量与有效态含量的目标，且治理周期短，不影响农作物的正常种植。电动修复技术适用于中度以上污染程度的农田土壤修复，既可以通过多次修复，不断削减重金属含量，满足《土壤环境质量　农用地土壤风险管控标准（试行）》（GB 15618—2018）和《食用农产品产地环境质量评价标准》（HJ/T 332—2006）的限值要求，实现重金属污染土壤的根治。此外，电动修复技术还可与固化/稳定化，以及植物修复等技术联合应用，先通过重金属污染农田土壤电动修复技术将污染程度降至中度或轻度，然后利用低成本的固化或植物修复，保障农产品的种植安全。

## 6.3.2　经济可行性

### 1. 成本分析

表 6.16 列出了电动排水原位修复成本。整套技术成本约 30 607 元/亩，其中化学药剂、电力消耗、人力投入和装置消耗的费用分别为 970 元/亩、1 387 元/亩、21 700 元/亩和 6 550 元/亩。可以看出，田间实施过程中因人力耗用较多，成本偏高，约占总投入的 71%，而化学药剂、电力投入和修复装置等 4 项的投入仅占总投入的 29%。增加降低成本的思路与途径。

表 6.16　电动修复成本投入情况

| 技术环节 | 成本投入/（元/亩） | | | |
| --- | --- | --- | --- | --- |
| | 化学药剂 | 电力消耗 | 人力投入 | 装置消耗 |
| 活化 | 970 | 100 | 1 000 | 350 |
| 电动排水 | — | 1 280 | 20 400 | 4 200 |
| 人工水槽 | — | 7 | 300 | 2 000 |
| 小计 | 970 | 1 387 | 21 700 | 6 550 |
| 总计 | 30 607 | | | |

注：EKG 电动修复装置单套处理能力为 1 m²/套，可重复使用 100 次以上；装配式生态渠塘处理能力为 4 m³/d，合计 170 m² 土壤排水量。

### 2. 与其他修复技术比较

通过与化学淋洗、电动力学修复、固化/稳定化、植物修复等技术相比，电动修复技术的成本要高于固化/稳定化和植物修复，但固化剂/稳定化剂需重复频繁使用，长期成本要高于电动修复技术，且不能降低土壤重金属总量；植物修复虽能通过组织吸收富集，逐渐削减土壤重金属含量，但占用土壤资源，修复周期长，电动修复技术缩短了治理周期，不影响农业生产，具有一定的比较优势。与传统电动修复和化学淋洗相比，电动修复技术成本相对较低，这是因为电动修复周期长，一般数周和数月，电力成本高，电动修复技术仅电动 2 d，消耗电量少。传统淋洗的淋洗剂用量大，高效淋洗剂昂贵，而电动修复技术采用低剂量和低浓度的常规 $FeCl_3$ 和 $CaCl_2$，因此药剂消耗量大大降低，具有一定的成本优势（表 6.17）。综上，电动修复技术能够提高修复效率，彻底分离和去除土壤重金属含量，实际操作过程中药剂和电力投入均不高，在缩短修复周期和提高修复成效的基础上提高了土地资源的利用效益，具有较好的经济合理性。

**表 6.17　不同修复技术经济比较**

| 修复技术 | 化学淋洗 | 电动力学修复 | 固化/稳定化 | 植物修复 | 电动修复技术 |
|---|---|---|---|---|---|
| 成本投入/（万元/亩） | 2.03～10.15 | 1.70 | 0.10～1.00 | 1.33 | 1.52 |

注：淋洗成本（药剂）来源于 ITRC（2008）；电动修复成本（电力投入）来源于 Van Cauwenberghel（1997）；固化/稳定化成本（调理剂）来源于实际调研数据；植物修复来源于陈同斌等（2010）；电动修复技术成本为化学药剂+电力投入+土壤调理剂+修复装置

## 6.4　小　　结

（1）综合考虑技术、经济与土壤环境等因素，对土壤活化处理、电动排水脱除、人工水槽净化技术等单项关键技术进行参数优化；以湖南省某镇典型重金属污染农田土壤为对象，以有效态重金属（以 Cd 为例）降幅为 30%为修复目标，集成了一套土壤活化，土壤孔隙水电动排水，排水重金属人工水槽净化等相互衔接的重金属农田土壤电动修复技术，具体参数如下。

土壤活化：活化剂选用 0.03 mol/L $FeCl_3$+0.03 mol/L $CaCl_2$，活化剂用量 47.5 L/m$^2$，活化土层厚度为土壤表层 0～15 cm，活化 24 h，搅拌 1 次；

电动排水：电压梯度为 2 V/cm，电极间距为 50 cm，间歇通电（12 h 开，12 h 关）48 h，土壤含水率饱和，蠕动泵定时抽出电动排水；

人工水槽净化：用不同粒径的砾石作为填料基层，碳素纤维生态草悬挂于水槽中部，碳素纤维生态草 10 束，每束生态草之间的间距为 5 cm，并施加电压 2.5 V，进水 pH 约 7.0，水力停留时间 2 h，水槽处理能力 100 L/h。

（2）在湖南省某镇开展了面积为 1 000 m² 的田间应用示范。与对照区相比，修复区土壤经过 0.03 mol/L FeCl$_3$+0.03 mol/L CaCl$_2$ 活化，2 V/cm 电压梯度下电动排水 48 h 后，土壤有效态重金属（Cd）降幅超过 30%；电动排水经过人工水槽（水槽中部间隔 5 cm 平行布设 10 束碳素纤维草，并在生态草上施加电压 2.5 V）净化处理 2 h 后，出水水质稳定且达到农田灌溉用水水质标准。

（3）基于田间应用示范试验数据，分析了重金属污染农田土壤电动修复的技术优势和经济成本，相对于固化/稳定化（0.1 万元/亩）和植物修复（1.33 万元/亩），重金属污染农田土壤电动修复技术（1.52 万元/亩）成本较高，但能够快速削减土壤有效态重金属含量，受环境因素影响小，且不影响农业生产；相对于传统电动修复（1.70 万元/亩）和化学淋洗（2.03 万元/亩），重金属污染农田土壤电动修复技术成本（1.52 万元/亩）相对较低，且环保性较好，能提高修复效率（提高 5%～15%），并可彻底分离和去除土壤重金属。

# 参 考 文 献

蔡宗平, 王文祥, 李伟善, 2016. 电极材料对电动修复尾矿周边铅污染土壤的影响研究. 环境科学与管理, 41(5): 108-111.

曹仁林, 贾晓葵, 张建顺, 1999. 镉污染水稻土防治研究. 天津农林科技(6): 12-17.

陈锋, 2008. 含水率对电动修复Cr(VI)污染高岭土的影响. 北华航天工业学院学报, 18(3): 12-15.

陈春乐, 王果, 王珺玮, 2014. 3种中性盐与HCl复合淋洗剂对Cd污染土壤淋洗效果研究. 安全与环境学报, 14(5): 205-210.

陈海凤, 莫良玉, 范稚莲, 2009. 有机酸对重金属污染耕地土壤的修复研究. 现代农业科学, 16(3): 141-143.

陈家坊, 何群, 1979. 中性水稻土的胶体含量对其物理性质的影响. 土壤(2): 45-49.

陈同斌, 雷梅, 宋波, 等, 2010. 土地复垦中植物修复技术规程及应用. 首届国土资源法制与市场学术研讨会论文集.

陈雄峰, 荆一凤, 吕鑑, 等, 2006. 电渗法对太湖环保疏浚底泥脱水干化研究. 环境科学研究, 19(5): 54-58.

程明芳, 金继运, 李春花, 等, 2010. 氯离子对作物生长和土壤性质影响的研究进展. 浙江农业科学, 1(1): 12-14.

迟光宇, 张兆伟, 陈欣, 等, 2008. 羟胺浸提–可见分光光度法测定土壤无定形铁. 光谱学与光谱分析, 28(12): 2931-2934.

董城, 崔玉桥, 郭一鹏, 等, 2017. 毛细透排水带排水性能试验研究. 铁道科学与工程学报, 14(10): 70-77.

范志强, 2015. 电渗技术在河湖底泥脱水固结中的应用. 2015河湖疏浚与生态环保技术交流研讨会, 武汉.

冯源, 2012. 城市污水污泥电动脱水机理试验研究及多场耦合作用理论分析. 杭州: 浙江大学.

傅友强, 于智卫, 蔡昆争, 等, 2010. 水稻根表铁膜形成机制及其生态环境效应. 植物营养与肥料学报, 16(6): 1527-1534.

耿增超, 戴维, 2011. 土壤学. 北京: 科学出版社.

郭晓方, 卫泽斌, 许田芬, 等, 2011. 不同pH值混合螯合剂对土壤重金属淋洗及植物提取的影响. 农业工程学报, 27(7): 96-100.

韩春梅, 王林山, 巩宗强, 等, 2005. 土壤中重金属形态分析及其环境学意义. 生态学杂志, 24(12): 1499-1502.

何群, 陈家坊, 许机诒, 1981. 土壤中氧化铁的转化及其对土壤结构的影响. 土壤学报, 18(4): 326-333.

胡俞晨, 王钊, 庄艳峰, 2005. 电动土工合成材料加固软土地基实验研究. 岩土工程学报, 27(5): 582-586.

黄细花, 卫泽斌, 郭晓方, 等, 2010. 套种和化学淋洗联合技术修复重金属污染土壤. 环境科学, 31(12): 3067-3074.

蒋先军, 骆永明, 赵其国, 等, 2003. 镉污染土壤植物修复的EDTA调控机理. 土壤学报, 40(2): 205-209.

句炳新, 申哲民, 吴旦, 等, 2006. 电动修复对Cd污染土壤肥力的影响. 农业环境科学学报, 25(2): 340-344.

可欣, 张昀, 李培军, 等, 2009. 利用酒石酸土柱淋洗法修复重金属污染土壤. 深圳大学学报: 理工版, 26(3): 240-245.

可欣, 李培军, 巩宗强, 等, 2004. 重金属污染土壤修复技术中有关淋洗剂的研究进展. 生态学杂志,

23(5): 145-149.

可欣, 李培军, 张昀, 等, 2007. 利用乙二胺四乙酸淋洗修复重金属污染的土壤及其动力学. 应用生态学报, 18(3): 601-606.

冷伶俐, 谢琼, 李晗绪, 等, 2015. 镉污染高岭土电动修复试验研究. 环境科学与管理, 40(2): 17-20.

李程峰, 2004. 红壤中镉的吸附行为及其电动力去除研究. 长沙: 湖南大学.

李丹丹, 郝秀珍, 周东美, 2013. 柠檬酸土柱淋洗法去除污染土壤中 Cr 的研究. 农业环境科学学报, 32(10): 1999-2004.

李光德, 张中文, 敬佩, 等, 2009. 茶皂素对潮土重金属污染的淋洗修复作用. 农业工程学报, 25(10): 231-235.

李贵春, 邱建军, 尹昌斌, 2009. 中国农田退化价值损失计量研究. 中国农学通报, 25(3): 230-235.

李莲芳, 曾希柏, 白玲玉, 等, 2010. 石门雄黄矿周边地区土壤砷分布及农产品健康风险评估. 应用生态学报, 21(11): 2946-2951.

李玉姣, 温雅, 郭倩楠, 等, 2014. 有机酸和 $FeCl_3$ 复合浸提修复 Cd、Pb 污染农田土壤的研究. 农业环境科学学报, (12): 2335-2342.

李玉双, 胡晓钧, 宋雪英, 等, 2012. 柠檬酸对重金属复合污染土壤的淋洗修复效果与机理. 沈阳大学学报(自然科学版), 24(2): 6-9.

李玉双, 胡晓钧, 孙铁珩, 等, 2011. 污染土壤淋洗修复技术研究进展. 生态学杂志, 30(3): 596-602.

林丹妮, 谢国樑, 曾彩明, 等, 2009. 不同电压对重金属污染河涌底泥电动修复效果的影响. 华南农业大学学报, 30(3): 8-12.

刘芳, 付融冰, 徐珍, 2015. 土壤电动修复的电极空间构型优化研究. 环境科学, (2): 678-684.

刘慧, 仓龙, 郝秀珍, 等, 2016. 铜污染场地土壤的原位电动强化修复. 环境工程学报, 10(7): 3877-3884.

刘广容, 叶春松, 钱勤, 等, 2011. 电动生物修复底泥中电场对微生物活性的影响. 武汉大学学报(理学版), 57(1): 47-51.

刘海静, 张鸿涛, 孙晓慰, 2003. 电吸附法去除地下水中离子的试验研究. 中国给水排水, 19(11): 36-38.

刘红侠, 韩宝平, 郝达平, 2006. 徐州市北郊农业土壤重金属污染评价. 中国生态农业学报, 14(1): 159-161.

刘岚昕, 2012. 酒石酸淋洗过程中土壤重金属解吸动力学特征. 环境保护科学, 38(2): 27-29.

刘培亚, 李玉姣, 胡鹏杰, 等, 2015. 复合淋洗剂土柱淋洗法修复 Cd、Pb 污染土壤. 环境工程, 33(1): 163-167.

刘重芃, 尚英男, 尹观, 2006. 成都市农业土壤重金属污染特征初步研究. 广东微量元素科学, 13(3): 41-45.

鲁如坤, 1999. 土壤农业化学分析法. 北京: 中国农业出版社.

罗冰, 张清东, 2013. 柠檬酸浸出土壤中铜、锌的优化设计. 环境工程学报, 7(9): 3629-3634.

罗希, 林莉, 李青云, 2017. 镉污染稻田土壤土柱淋洗修复研究. 长江科学院院报, 34(6): 24-28, 34.

罗永清, 陈银萍, 陶玲, 等, 2011. 兰州市农田土壤重金属污染评价与研究. 甘肃农业大学学报, 46(1): 98-104.

骆永明, 2000. 强化植物修复的螯合诱导技术及其环境风险. 土壤, 32(2): 57-61.

吕青松, 蒋煜峰, 杨帆, 等, 2010. 重金属污染土壤淋洗技术研究进展. 甘肃农业科技, (3): 33-37.

马晋, 罗海宁, 付融冰, 等, 2012. 可渗透反应复合电极法对土壤重金属的电动去除. 环境污染与防治, 34: 17-23.

马成玲, 王火焰, 周健民, 等, 长江三角洲典型县级市农田土壤重金属污染状况调查与评价. 农业环境科学学报, 25(3): 751-755.

马建伟, 王慧, 罗启仕, 2007. 电动力学-新型竹炭联合作用下土壤镉的迁移吸附及其机理. 环境科学, 28(8): 1829-1834.

马铁铮, 马友华, 徐露露, 等, 2013. 农田土壤重金属污染的农业生态修复技术. 农业资源与环境学报, 30: 39-43.

马毅杰, 陈家坊, 1998. 我国红壤中氧化铁形态及其特性和功能. 土壤, 1: 1-6.

孟凡生, 陈锋, 王业耀, 2007. 污染土壤电动修复正交试验研究. 环境卫生工程, 15(1): 48-50.

莫良玉, 范稚莲, 陈海凤, 2013. 不同铵盐去除农田土壤重金属研究. 西南农业学报, 26: 2407-2411.

农泽喜, 覃朝科, 卢宗柳, 等, 2017. FeCl₃ 对 Cd 污染农田土壤的淋洗试验研究. 科学技术与工程, 17: 317-321.

曲蛟, 罗春秋, 丛俏, 等, 2012. 表面活性剂对土壤中重金属清洗及有效态的影响. 环境化学, 31(5): 620-624.

冉烈, 李会合. 2011. 土壤镉污染现状及危害研究进展. 重庆文理学院学报（自然科学版）, 30: 69-73.

任继平, 李德发, 张丽英, 2003. 镉毒性研究进展. 动物营养学报, 15(1): 16-17.

史志鹏, 2012. 低分子量有机酸对两种污染土壤铅释放的影响. 武汉: 华中农业大学.

孙涛, 陆扣萍, 王海龙, 2015a. 不同淋洗剂和淋洗条件下重金属污染土壤淋洗修复研究进展. 浙江农林大学学报, 32(1): 140-149.

孙涛, 毛霞丽, 陆扣萍, 等, 2015b. 柠檬酸对重金属复合污染土壤的浸提效果研究. 环境科学学报, 35 : 2573-2581.

孙丽蓉, 2007. 水稻土中异化铁还原过程及其影响因素研究. 杨凌: 西北农林科技大学.

孙泽锋, 金春姬, 田国宾, 2008. 镉污染胶东棕壤的电动力学修复研究. 环境污染与防治, 30(2): 25-28.

童君君, 2013. 土壤重金属污染(Cu/Cr)电动修复基础研究. 合肥: 合肥工业大学.

王欣, 2011. 苎麻镉耐性机制及应用研究. 长沙: 湖南大学.

王叶, 2014. 柠檬酸废水作为淋洗剂对土壤重金属镉的协同去除研究. 北京: 中国石油大学.

王凯荣, 1997. 我国农田镉污染现状及其治理利用对策. 农业环境保护(6): 274-278.

王学锋, 杨艳琴, 2004. 土壤一植物系统重金属形态分析和生物有效性研究进展. 化工环保, 24(1): 24-28.

王长伟, 2010. 粘土矿物对重金属污染土壤钝化修复效应研究. 天津: 天津理工大学.

文庆, 祝方, 马少云, 2015. 重金属污染土壤电动力学修复技术研究进展. 安全与环境工程, 22: 55-60.

席永慧, 梁稆嫁, 周光华, 2010. 重金属污染土壤的电动力学修复试验研究. 同济大学学报(自然科学版), 38(11): 1626-1630.

谢国樑, 林丹妮, 曾彩明, 等, 2008. 阴极 pH 控制对重金属污染河涌底泥电动修复的影响. 农业环境科学学报, 27(3): 1140-1145.

徐磊, 刘国, 许文来. 2015. 低污染浓度重金属 Cd 污染土壤的电动修复研究. 工业安全与环保, 41: 4-7.

许超, 夏北城, 林颖, 2009. 柠檬酸对中低污染土壤中重金属的淋洗动力学. 生态环境学报, 18(2): 507-510.

严世红, 2014. 酸化土壤中镉化学形态特征与钝化研究. 淮南: 安徽理工大学.

杨磊, 唐娜, 王焘, 等, 2009. 模拟 Cd 污染土壤的电动修复. 广东化工, 36(8): 6-7.

杨冰凡, 胡鹏杰, 李柱, 等, 2013. 重金属高污染农田土壤 EDTA 淋洗条件初探. 土壤, 45(5): 928-932.

杨忠芳, 陈岳龙, 钱镴, 等, 2005. 土壤 pH 对镉存在形态影响的模拟实验研究. 地学前缘, 12(1): 252-260.

易龙生, 陶冶, 刘阳, 等, 2012. 重金属污染土壤修复淋洗剂研究进展. 安全与环境学报, 12(4): 42-46.

易龙生, 王文燕, 刘阳, 等, 2014. 柠檬酸、EDTA 和茶皂素对重金属污染土壤的淋洗效果. 安全与环境学报, 14(1): 225-228.

易龙生, 王文燕, 陶冶, 等, 2013. 有机酸对污染土壤重金属的淋洗效果研究. 农业环境科学学报, 46(13): 701-707.

余露, 2012. 立体生态净化床系统处理矿山含镉废水的试验研究. 成都: 西南科技大学.

袁华山, 刘云国, 李欣, 2006. 电动力修复技术去除城市污泥中的重金属研究. 中国给水排水, 22(3): 101-104.

曾敏, 廖柏寒, 曾清如, 等, 2006. 3 种萃取剂对土壤重金属的去除及其对重金属有效性的影响. 农业环境科学学报, 25(4): 979-982.

曾希柏, 刘更另, 2000. $SO_4^{2-}$ 和 $Cl^-$ 对稻田土壤养分及其吸附解吸特性的影响. 植物营养与肥料学报, 2000, 6(2): 187.

曾希柏, 苏世鸣, 马世铭, 等, 2010. 我国农田生态系统重金属的循环与调控. 应用生态学报, 21(9): 2418-2426.

曾希柏, 徐建明, 黄巧云, 等, 2013. 中国农田重金属问题的若干思考. 土壤学报, 50(1): 186-194.

张兴, 朱琨, 李丽, 2008. 污染土壤电动法修复技术研究进展及其前景. 环境科学与管理, 33(2): 64-68.

张振兴, 纪雄辉, 谢运河, 等, 2016. 水稻不同生育期施用生石灰对稻米镉含量的影响. 农业环境科学学报, 35(10): 1867-1872.

赵中秋, 朱永官, 蔡运龙, 2005. 镉在土壤植物系统中的迁移转化及其影响因素. 生态环境, 14(2): 282-286.

甄燕红, 成颜君, 潘根兴, 等, 2008. 中国部分市售大米中 Cd、Zn、Se 的含量及其食物安全评价. 安全与环境学报, 8(1): 119-122.

郑燊燊, 申哲民, 陈学军, 等, 2007. 逼近阳极法电动力学修复重金属污染土壤. 农业环境科学学报, 26(1): 240-245.

中国环境监测总站, 1990. 中国土壤元素背景值. 北京: 中国环境科学出版社.

钟晓兰, 周生路, 黄明丽, 等, 2009. 土壤重金属的形态分布特征及其影响因素. 生态环境学报, 18(4): 1266-1273.

周鸣, 汤红妍, 朱书法, 等, 2014. EDTA 强化电动力学修复重金属复合污染土壤. 环境工程学报, 8(3): 1197-1202.

周碧青, 侯凤娟, 林君锋, 2007. 不同电压降条件下污泥中主要重金属的动电去除效果. 福建农林大学学报(自然版), 36(4): 411-416.

周光华, 2009. 电动力学修复重金属污染土壤实验研究. 上海: 同济大学.

朱娜, 董铁有, 2005. 影响土壤电动力学修复技术的主要因素. 环境科技, 18(3): 33-35.

朱光旭, 郭庆军, 杨俊兴, 等, 2013. 淋洗剂对多金属污染尾矿土壤的修复效应及技术研究. 环境科学, 34(9): 3090-3096.

朱清清, 邵超英, 张琛, 等, 2010. 生物表面活性剂皂角苷增效去除土壤中重金属的研究. 环境科学学报, 30(12): 2491-2498.

庄艳峰, 2016. 电渗排水固结的设计理论和方法. 岩土工程学报, 38(z1): 152-155.

左建雄, 2012. 湖南稻米农药残留及重金属超标现状及控制对策研究. 长沙: 湖南农业大学.

ABE K, OZAKI Y, 2006. Removal of N and P from eutrophic pond water by using plant bed filter ditches planted with crops and flowers//HORST W J, SCHENK M K, Plant nutrition, New York: Springer.

ABUMAIZAR R J, SMITH E H, 1999. Heavy metal contaminants removal by soil washing. Journal of hazardous materials, 70(1-2): 71-86.

ACAR Y B, ALSHAWABKEH A N, 1993. Principles of electrokinetic remediation. Environmental science and technology, 27(13): 2638-2647.

ACOSTA J A, JANSEN B, KALBITZ K, et al., 2011. Salinity increases mobility of heavy metals in soils. Chemosphere. 85(8): 1318-1324.

ALMEIRA O J, PENG C S, ABOU-SHADY A, 2012. Simultaneous removal of cadmium from kaolin and catholyte during soil electrokinetic remediation. Desalination, 300: 1-11.

AMMAMI M T, PORTET-KOLTALO F, BENAMAR A, et al., 2015. Application of biosurfactants and periodic voltage gradient for enhanced electrokinetic remediation of metals and PAHs in dredged marine sediments. Chemosphere, 125: 1-8.

ANKAITE A, VASAREVICIUS S, 2005. Remediation technologies for soils contaminated with heavy metals. Journal environmental engineering and landscape management, 13(2): 109-113.

BAKHSHAYESH B E, DELKASH M, SCHOLZ M, 2014. Response of vegetables to Cadmium-enriched soil. Water, 6(5): 1246-1256.

BALDANTONI D, LIGRONE R, ALFANI A, 2009. Macro- and trace-element concentrations in leaves and roots of Phragmites australis in a volcanic lake in Southern Italy. Journal of geochemical exploration, 101(2): 166-174.

CAMESELLE C, REDDY K R, 2012. Development and enhancement of electro-osmotic flow for the removal of contaminants from soils. Electrochimica acta, 86: 10-22.

CANG L, ZHOU D, 2011. Current research and development of electro-kinetic remediation technology for contaminated sites. The administration and technique of environmental monitoring ,3: 57-62.

CANG L, ZHOU D M, WANG Q Y, et al., 2009. Effects of electrokinetic treatment of a heavy metal contaminated soil on soil enzyme activities. Journal of Hazardous Materials, 172: 1602-1607.

CHEN G, SHAH K J, SHIA L, et al., 2017. Removal of Cd(II) and Pb(II) ions from aqueous solutions by synthetic mineral adsorbent: Performance and mechanisms. Applied surface science, 409: 296-305.

CHEN H, TENG Y, LU S, et al., 2015a. Contamination features and health risk of soil heavy metals in China. Science of the total environment, 512-513: 143-153.

CHEN Z, ZHU B K, JIA W F, et al., 2015b. Can electro-kinetic removal of metals from contaminated paddy soils be powered by microbial fuel cells? Environmental technology and innovation, 3: 63-67.

CHERIFI M, HAZOURLI S, ZIATI M, 2009. Initial water content and temperature effects on electrokinetic removal of aluminium in drinking water sludge. Physics procedia, 2(3): 1021-1030.

CHOI J, 2006. Geochemical modeling of cadmium sorption to soil as a function of soil properties. Chemosphere, 63(11): 1824-1834.

DAS B, PRAKASH S, REDDY P S R, et al., 2007. An overview of utilization of slag and sludge from steel industries. Resources, conservation and recycling, 50(1): 40-57.

DAVRANCHE M, BOLLINGER J. C, 2000. Release of metals from iron oxyhydroxides under reductive conditions: effect of metal/solid interactions. Journal of colloid and interface science, 232(1): 165-173.

DERMONT G, BERGERON M, MERCIER G, et al., 2008. Soil washing for metal removal: a review of physical/chemical technologies and field applications. Journal of hazardous materials, 152(1): 1-31.

DUFFUS J H, 2002. "Heavy metals" a meaningless term. Pure and applied chemistry, 74: 793-807.

FLORA A, GARGANO S, LIRER S, et al., 2016. Effect of Electro-kinetic consolidation on fine grained dredged sediments. Procedia engineering, 158: 3-8.

FOURIE A B, JONES C J F P, 2010. Improved estimates of power consumption during dewatering of mine tailings using electrokinetic geosynthetics (EKGs). Geotextiles and geomembranes, 28(2): 181-190.

GIANNIS A, GIDARAKOS E, 2005. Washing enhanced electrokinetic remediation for removal cadmium from real contaminated soil. Journal of hazardous materials, 123(1-3): 165-175.

GIANNIS A, PENTARIB D, WANG J Y, et al., 2010. Application of sequential extraction analysis to electrokinetic remediation of cadmium, nickel and zinc from contaminated soils. Journal of Hazardous Materials 184(1-3): 547-554.

GLENDINNING S, LAMONT-BLACK J, JONES C J F P, 2007. Treatment of sewage sludge using electrokinetic geosynthetics. Journal of hazardous materials, 139(3): 491-499.

GOMES H I, DIAS-FERRIRA C, RIBERO A B, 2012. Electrokinetic remediation of organochlorines in soil:

enhancement techniques and integration with other remediation technologies. Chemosphere, 87(10): 1077-1090.

HAHLADAKIS J N, LEKKAS N, SMPONIAS A, et al., 2014. Sequential application of chelating agents and innovative surfactants for the enhanced electroremediation of real sediments from toxic metals and PAHs. Chemosphere 105, 44-52.

HARMA R K, AGRAWAL M, MARSHALL F M, 2008. Heavy metal(Cu, Zn, Cd and Pb)contamination of vegetables in urban India: a case study in Varanasi. Environmental pollution, 154: 254-263.

HE Z L, YANG X E, STOFFELLA P J, et al. 2005. Trace elements in agroecosystems and impacts on the environment. Journal of trace elements in medicine and biology, 19(2-3): 125-140.

HO S V, ATHMER C J, SHERIDAN P W, et al., 1997. Scale-up aspects of the Lasagna™ process for in situ soil decontamination. Journal of hazardous materials, 55(1-3): 39-60.

HUANG S S, LIAO Q L, HUA M, et al., 2007. Survey of heavy metal pollution and assessment of agricultural soils in Yangzhong district, Jiangsu Province, China. Chemosphere, 67(11): 2148-2155.

IANNELLI R, MASI M, CECCARINI A, et al., 2015. Electrokinetic remediation of metal-polluted marine sediments: experimental investigation for plant design. Electrochimica acta, 181: 146-159.

IMPELLITTERL C A, SAXE J K, COCHRAN M, 2003. Predicting the bioavailability of copper and zinc in soils: modeling the partitioning of potential bioavailability copper and zinc from solid to soil solution. Environmental toxicology and chemistry, 22(6): 1380-1386.

ITRC (Interstate Technology and Regulatory Cooperation), 1997. Technical and regulatory guidelines for soil washing. (1997-12-1)[2016-02-14]. http: //www. itrcweb. org/GuidanceDocuments/MIS-1. Pdf.

JONES C J F P, GLENDINNING S, SHIM G S C, 2002. Soil consolidation using electrically conductive geosynthetics//Proceedings of the 7th International Conference on Geosynthetics, Nice, France: 1039-1042.

JONES C J F P, LAMONT-BLACK J, GLENDINNING S, et al., 2008. Recent research and applications in the use of electrokinetic geosynthetics.//DIXON N, 4th European Geosynthetics Conference e EuroGeo4. Edinburgh.

JONES C J F P, LAMONT-BLACK J, GLENDINNING S, 2011. Electrokinetic geosynthetics in hydraulic applications. Geotextiles and geomembranes, 29(4): 381-390.

JONES C J F P, GLENDINNING S, HUNTLEY D T, et al., 2006. Case history in-situ dewatering of lagooned sewage sludge using electrokinetic geosynthetics (EKG)//Geosynthetics. Proceedings of the International Conference on Geosynthetics: 539-542.

JUGSUJINDA A, Jr PATRICK W H, 1996. Methane and water soluble iron production under controlled soil pH and redox conditions. Communications in soil science and plant analysis. 27(9-10): 2221-2227.

KAKSONEN A H, MORRIS C, REA S, et al., 2014. Biohydrometallurgical iron oxidation and precipitation: Part I - Effect of pH on process performance. Hydrometallurgy, 147-148: 255-263.

KANG S H, SINGH S, KIM J Y, et al., 2007. Bacteria metabolically engineered for enhanced phytochelatin production and cadmium accumulation. Applied and environmental mircobiology, 73(19): 6317-6320.

KIM K J, KIM D H, YOO J C, et al., 2011. Electrokinetic extraction of heavy metals from dredged marine sediment. Separation and purification technology, 79(2): 164-169.

KIM S O, MOON S H, KIM K W, et al., 2002. Pilot scale study on the ex situ electrokinetic removal of heavy metals from municipal wastewater sludges. Water research, 36(19): 4765-4774.

KRISHNAMURTI G S R, HUANG P M, VAN REES K C J, et al., 1995. Speciation of particulate-bound cadmium of soils and its bioavailability. The Analyst, 120(3): 659-665.

KUO S, LAI M S, LIN C W, 2006. Influence of solution acidity and $CaCl_2$ concentration on the removal of heavy metals from metal-contaminated rice soils. Environmental pollution, 144(3): 918-925.

LAKANEN E, ERVIO R, 1971. A comparison of eight extractants for the determination of plant available micronutrients in soils. Acta agraria fennica, 123: 223-232.

LALOR G C, 2008. Review of cadmium transfers from soil to humans and its health effects in the Jamaican Environment. Science of the total environment, 400(1-3): 162-172.

LAMONT-BLACK J, JONES C J F P, WHITE C, 2015. Electrokinetic geosynthetic dewatering of nuclear contaminated waste. Geotextiles and geomembranes, 43(4): 359-362.

LAMONT-BLACK J, 2001. EKG: the next generation of geosynthetics. Ground engineering,34(10): 22-23.

LAMONT-BLACK J, HUNTLEY D, GLENDINNING S, et al., 2006. The use of electrokinetic geosynthetics (EKG) in enhanced performance of sports turf. Black, 2006.

LEE S, 2006. Geochemistry and partitioning of trace metals in paddy soils affected by mine tailings in Korea. Geoderma, 135: 26-37.

LI J, LU Y, YIN W, et al., 2009. Distribution of heavy metals in agricultural soils near a petrochemical complex in Guangzhou, China. Environmental monitoring and assessment, 153(1-4): 365-375.

LI L, WU H, VAN GESTEL C A, et al., 2014. Soil acidification increases metal extractability and bioavailability in old orchard soils of Northeast Jiaodong Peninsula in China. Environmental pollution, 188: 144-152.

LI Y J, HU P J, ZHAO J, et al., 2015. Remediation of cadmium and lead-contaminated agricultural soil by composite washing with chlorides and citric acid. Environmental science and pollution research, 22(7): 5563-5571.

LIANG X, NING X, CHEN G, et al., 2013. Concentrations and speciation of heavy metals in sludge from nine textile dyeing plants. Ecotoxicology and environmental safety, 98: 128-134.

LIN J J, 2002. Characterization of water-soluble ion species in urban ambient particles. Environmental. international, 28(1): 55-61.

LINDSAY W L, NORVELL W A, 1978. Development of a DTPA soil test for zinc, iron, manganese, and copper. Soil science society of america journal, 42(3): 421-428.

LIU J G, LI K Q, X J K, et al., 2003. Lead toxicity, uptake, and translocation in different rice cultivars. Plant science, 165(4): 793-802.

LIU R, ALTSCHUL E B, HEDIN R S, et al., 2014. Sequestration enhancement of metals in soils by addition of iron oxides recovered from coal mine drainage sites. Soil and sediment contamination. 23(4): 374-388.

LIU W X, SHEN L F, LIU J W, et al., 2007. Uptake of toxic heavy metals by rice (Oryza sativa L. ) cultivated in the agricultural soils near Zhengzhou City, People's Republic of China. Bulletin of environmental contamination and toxicology, 79(2): 209-213.

LIU W, ZHAO J Z, OUYANG Z Y, et al., 2005. Impacts of sewage irrigation on heavy metal distribution and contamination in Beijing, China. Environment international, 31(6): 805-812.

LU P, FENG Q, MENG Q, et al., 2012. Electrokinetic remediation of chromium-and cadmium-contaminated soil from abandoned industrial site. Separation and purification technology, 98: 216-220.

LUKMAN S, ESSA M H, MU'AZU N D, et al., 2013. Coupled electrokinetics-adsorption technique for simultaneous removal of heavy metals and organics from saline-sodic soil. Scientific world journal, 10: 346910. DOI: 10.1155/2013/346910.

MA L Q, RAO G N, 1997. Chemical fractionation of cadmium, copper, nickel and zinc in contaminated soils. Journal of environmental quality, 26(1): 259-264.

MAITY J P, HUANG Y M, HSU C M, et al., 2013. Removal of Cu, Pb and Zn by foam fractionation and a soil washing process from contaminated industrial soils using soapberry-derived saponin: a comparative effectiveness assessment. Chemosphere, 92(10): 1286-1293.

MAKINO T, MAEJIMA Y, AKAHANE I, et al., 2016. A practical soil washing method for use in a Cd-contaminated paddy field, with simple on-site wastewater treatment. Geoderma, 270: 3-9.

MAKINO T, KAMIYA , T TAKANO H, et al., 2007a. Restoration of cadmium contaminated paddy soils by washing with calcium chloride: Verification of on-site washing. Environmental pollution, 147(1): 112-119.

MAKINO T, KAMIYA , T TAKANO H, et al., 2007b. Restoration of cadmium contaminated paddy soils by washing with chemicals: Effect of soil washing on cadmium uptake by soybean. Chemosphere, 67(4): 748-754.

MAKINO T, SUGAHARA K, SAKURAI Y, et al., 2006. Restoration of cadmium contamination in paddy soils by washing with chemicals: Selection of washing chemicals. environmental pollution, 144(1): 2-10.

MAKINO T, TAKANO H, KAMIYA T, et al., 2008. Restoration of cadmium contaminated paddy soils by washing with ferric chloride: Cd extraction mechanism and bench-scale verification. Chemosphere, 70(6): 1035-1043.

MARÍA-CERVANTES A, CONESA H M, GONZÁLEZ-ALCARAZ M, et al., 2010. Rhizosphere and flooding regime as key factors for the mobilisation of arsenic and potentially harmful metals in basic, mining-polluted salt marsh soils. Applied geochemistry , 26(1): 1722-1733.

MENA E, VILLASEÑOR J, RODRIGO M A, et al., 2016. Electrokinetic remediation of soil polluted with insoluble organics using biological permeable reactive barriers: Effect of periodic polarity reversal and voltage gradient. Chemical engineering journal, 299: 30-36.

MISSAOUI A, SAID I, LAFHAJ Z, 2016. Essaieb hamdi. influence of enhancing electrolytes on the removal efficiency of heavy metals from Gabes marine sediments (Tunisia). Marine pollution bulletin, 113: 44-54.

MOON D H, LEE J R, WAZNE M, et al., 2012. Assessment of soil washing for Zn contaminated soils using various washing solutions. journal of industrial and engineering chemistry, 18(2): 822-825.

MUEHE E M, OBST M, HITCHCOCK A, et al., 2013. Fate of Cd during microbial Fe(III) mineral reduction by a novel and Cd-tolerant Geobacter species. Environmental science and technology, 47(24): 14099-14109.

MULLIGAN C N, YONG R N, GIBBS B F, 2001. Surfactant enhanced remediation of contaminated soil: a review. Engineering geology, 60(1-4): 371-380.

NOGUEIRA M G, PAZOS M, SANROMAN M, et al., 2007. Improving on electrokinetic remediation in spiked Mn kaolinite by addition of complexing agents. Electrochimica acta, 52(10): 3349-3354.

OBRADOR A, ALVAREZ J M, LOPEZ-VALDIVIA L M, et al., 2007. Relationships of soil properties with Mn and Zn distribution in acidic soils and their uptake by a barley crop. Geoderma, 137(3-4): 432-443.

OK Y S, KIM S C, KIM D K, et al., 2011. Ameliorants to immobilize Cd in rice paddy soils contaminated by abandoned metal mines in Korea. Environmental geochemistry & health, 33(1): 23-30.

PENG C, LAI S, LUO X, et al., 2016. Effects of long term rice straw application on the microbial communities of rapeseed rhizosphere in a paddy-upland rotation system. Science of the total environment, 557-558: 231-239.

PETERS R W, 1999. Chelant extraction of heavy metals from contaminated soils. Journal of hazardous materials, 66(1-2): 151- 210.

PROBSTEIN R. F, HICKS R E, 1993. Removal of contaminants from soils by electric fields. Science, 260(5107): 498-503.

PUEYO M, LOPEX S J F, RAURET G, 2004. Assessment of $CaCl_2$, $NaNO_3$ and $NH_4NO_3$ extraction procedures for the study of Cd, Cu, Pb and Zn extractability in contaminated soils. Analytica chimica acta, 504(2): 217-226.

RAFIQ M T, AZIZ R, YANG X, et al., 2014. Cadmium phytoavailability to rice (Oryza sativa L. ) grown in representative Chinese soils. A model to improve soil environmental quality guidelines for food safety.

Ecotoxicology and environmental safety, 103: 101-107.

RAJIĆ L, DALMACIJA B, DALMACIJA M, et al., 2012. Enhancing electrokinetic lead removal from sediment: utilizing the moving anode technique and increasing the cathode compartment length. Electrochimica acta, 86: 36-40.

REED B E, CARRIERE P C, MOORE R, 1996. Flushing of a Pb (II) contaminated soil using HCl, EDTA, and CaCl$_2$. Journal of environmental engineering, 122(1): 48- 50.

ROACH N, REDDY K A, AL-HAMDAN A Z, 2009. Particle morphology and mineral structure of heavy metal-contaminated kaolin soil before and after electrokinetic remediation. Journal of hazardous materials, 165(1-3): 548-557.

SASTERE J, HERNANDEZ E, RODRIGUEZ R, et al., 2004. Use of sorption and extraction tests to predict the dynamics of the interaction of trace elements in agricultural soils contaminated by a mine tailing accident. Science of the total environment, 329(1-3): 261-281.

SOLTANPOUR P N, 1991. Determination of nutrient availability and elemental toxicity by AB-DTPA soil test and ICPS. Advances in soil science, 16: 165-190.

SUER Y B, GITYE K, ALLARD B, 2003. Speciation and transport of heavy metals and macroelements during electroremediation. Environmental science and technology. 37(1): 177-181.

TACK F M G, VAN RANST E, LIEVENS C, et al., 2006. Soil solution Cd, Cu and Zn concentrations as affected by short-time drying or wetting: the role of hydrous oxides of Fe and Mn. Geoderma, 137(1-2): 83-89.

TANG X Q, LI Q Y, WANG Z H, et al., 2018. Improved isolation of cadmium from paddy soil by novel technology based on porewater drainage with graphite-contained electro-kinetic geosynthetics. Environmental science and pollution research, 25(14): 14244-14253.

TANG X Q, LI Q Y, WU M, et al., 2016. Review of remediation practices regarding cadmium-enriched farmland soil with particular reference to China. Journal of environment management, 181: 646-662.

TAUBE F, POMMER L, LARSSON T, et al., 2008. Soil remediation mercury speciation in soil and vapor phase during thermal treatment . Water, air, and soil pollution, 193(1-4): 155-163.

TESSIER A, CAMPBELL P G C, BISSON M, 1979. Sequential extraction procedure for the speciation of particulate trace metals. Analytical chemistry, 51(7): 844-851.

TOKUNAGA S, HAKUTA T, 2002. Acid washing and stabilization of an artificial arseniccontaminated soil. Chemosphere, 46(1): 31-38.

URE A M, QUEVAUVILLER P, MUNTAU H, et al., 1992. European Community Bureau of Reference report. Brussels: CEC.

USMANA R A, KUZYAKOVY, STAHR K, 2005. Effect of immobilizing substance sands alinity on heavy metals availability to wheat grown on sewage sludge-contaminated soil. Soil and sediment contamination 14(4): 329-344.

VAN BENSCHOTEN J E, MATSUMOTO M R, YOUNG W H, 1997. Evaluation and analysis of soil washing for seven lead- contaminated soils. Journal of environmental engineering, 123(3): 217- 224.

VIRKUTYTE J, SILLANPAA M, LATOSTENMAA P, 2002. Electrokinetic soil remediation-critical overview. Science of the total environment, 289(1-3): 97-121.

WAD K, HIGASHI T, 1976. The categories of aluminium and iron humus complexes in Ando soils determined by selective dissolution. Soil science. 27(3): 357-368.

WANG Z X, CHAI L Y, WANG Y Y, et al., 2011. Potential health risk of arsenic and cadmium in groundwater near Xiangjiang River, China: a case study for risk assessment and management of toxic substances. Environmental monitoring and assessment, 175(1-4): 167-173.

YANG Z, ZHANG S, LIAO Y, et al., 2012. Remediation of heavy metal contamination in calcareous soil by washing with reagents: a column washing. Procedia environmental sciences, 16(4): 778-785.

YAO Z T, LI J H, XIE H H, et al., 2012. Review on remediation technologies of soil contaminated by heavy metals. Procedia environmental sciences, 16(4): 722-729.

YEUNG A T, GU Y Y, 2011. A review on techniques to enhance electrochemical remediation of contaminated soils. Journal of hazardous materials, 195: 11-29.

YU H Y, LIU C, ZHU J, et al., 2016. Cadmium availability in rice paddy fields from a mining area: The effects of soil properties highlighting iron fractions and pH value. Environmental pollution, 209: 38-45.

Yuan L, Xu X, Li H, et al., 2016. Development of novel assisting agents for the electrokinetic remediation of heavy metal-contaminated kaolin. Electrochimica acta, 218: 140-148.

YUAN L, XU X, LI H, et al., 2017. The influence of macroelements on energy consumption during periodic power electro-kinetic remediation of heavy metals contaminated black soil. Electrochimica acta, 235: 604-612.

ZENG F, ALI S, ZHANG H, et al., 2011. The influence of pH and organic matter content in paddy soil on heavy metal availability and their uptake by rice plants. Environmental pollution 159(1): 84-91.

ZHAI Y, LIU X, CHEN H, et al., 2014. Source identification and potential ecological risk assessment of heavy metals in PM2.5 from Changsha. Science of the total environment, 493: 109-115.

ZHAO X L, JIANG T, DU B, 2014. Effect of organic matter and calcium carbonate on behaviors of cadmium adsorption-desorption on/from purple paddy soils. Chemosphere. 99: 41-48.

ZHAO Y F, SHI X Z, HUANG B, et al., 2007. Spatial distribution of heavy metals in agricultural soils of an industry-based peri-urban area in Wuxi, China. Pedosphere, 17: 44-51.

ZHENG S, CHEN C, LI Y, et al., 2013. Characterizing the release of cadmium from 13 purple soils by batch leaching tests. Chemosphere. 91(11): 1502-1507.

ZHOU D M, DENG C F, CANG L, et al., 2005. Electro-kinetic remediation of a Cu-Zn contaminated red soil by controlling the voltage and conditioning catholyte pH. Chemosphere, 61(4): 519-527.

# 后　记

重金属污染农田土壤修复是涉及农业、环境和水利等多个学科、应用性极强的热点研究领域。作者在梳理现有多种修复技术的基础上，尝试变治土为治水，在土壤重金属活化释放后，通过孔隙水导排和活化态重金属迁移逐步削减土壤重金属总量及有效态含量，探索一条新的治理修复途径。电动修复与 EKG 排水均为 20 世纪出现的新技术，但各自均因缺陷未能较好地进行应用实践，本书通过二者的优势互补，研制出基于孔隙水导排的 EKG 成套退水脱除重金属装置，通过系列实验和现场示范，摸索和总结了以下经验。

（1）农田土壤重金属的低影响高效活化。筛选有益于阻止水稻吸收 Cd 且土壤背景含量较高的 Fe 基活化剂 $FeCl_3$，复配能够与 Cd 等重金属离子在土壤表面具有竞争吸附作用且对土壤 pH 影响小的弱酸性活化剂 $CaCl_2$，采用低浓度（0.03 mol/L）和低剂量的活化液对耕作层土壤进行活化处理，提高了土壤重金属活化效果，减缓了活化剂对耕作层土壤结构的影响，Cd 等重金属活化效率高，且无渗漏现象，是一种可规模化应用于农田的重金属活化技术。

（2）农田土壤重金属的快速退水分离。系统地考虑土壤孔隙水收集、存储和外排等环节，研制了 EKG 成套退水脱除重金属装置，对表层 15 cm 耕作层土壤进行原位处理。EKG 电动退水装置能够将在阳极和阴极附近产生的 $H^+$ 和 $OH^-$ 快速排放，避免了阳极酸化和阴极碱化的问题，与此同时，该装置充分利用了 EKG 导水和导电等性能，通过重力排水、电渗和电迁移等多重功能，将活化后的重金属离子通过退水方式外排，实现了重金属的水土分离，彻底降低土壤有效态重金属含量。

（3）重金属污染农田土壤电动修复技术集成。以农田土壤有效态重金属（Cd）降幅超过 30% 和电动退水处理后出水水质稳定达到农田灌溉用水水质标准为约束，优化了重金属活化释放、电动退水脱除、人工水槽净化等单项关键技术的工艺参数，集成了一套重金属低影响活化，重金属电动退水分离，退水重金属人工水槽净化等相互衔接的重金属农田土壤电动修复技术，并在试验田成功开展了田间示范。

基于 EKG 电极的重金属污染农田土壤电动修复技术展现了一定的技术优势和节能优势，但装置未定型与标准化，也未能与机械化操作结合，因此还不具备规模化应用基础；此外，外源性加入 $FeCl_3$ 提高了能耗，也造成了一定水平的 Fe 和 Cl 残留及土壤养分流失。后续工作将考虑突破 EKG 电极机械化布设和土壤重金属电场自主酸化等技术，提高工作效率，降低经济成本与环境影响。

项目实施过程中，华中科技大学王琳玲副教授团队在活化剂筛选及参数优化给予了指导，湖南省农业科学院纪雄辉所长和谢运河副研究员等提供了示范场地和试验协助，在此表示衷心感谢！